U0016153

李伯伯最想告訴你的22個科學家故事

李家同 編著

目録

〈推薦序〉

閱讀、思考與發問

簡麗賢（北一女物理教師）

有句話說得好：「書就像降落傘，打開才有用。」閱讀一本好書，讓人沉浸在思考與反芻中，令人愉悅。

謝謝圓神出版社，讓我有緣先睹為快，閱讀李家同教授的新書文稿。多年來，李教授透過寫作與演講，關切國內教育政策與人才培育的議題，字字珠璣，句句剴切，令人敬佩。本書分成兩部分，其一，李教授為中學生導讀科學；其二介紹牛頓、法拉第、巴斯德等知名科學家的故事。內容相當豐富，非常適合中學生閱讀，也可提供中學教師上課中融入科學家故事的參考。李教授的新書傳達幾個概念。

其一，「一切從基本做起」的學習態度。魏徵的名言：「求木之長者，必固其根本；欲流之遠者，必浚其泉源。」學習科學不可炒短線，不能「知其然而不知其所以然」，不要只為考試和分數，「盈科後進」「學不躐等」才是正確的學習態度。

其二，「學習與養成發問」的習慣。學習科學就是要發問，發問前要思考，思考後要勇於發問，發問才能澄清概念。韓愈告訴我們：「人非生而知之者，孰能無惑？惑而不從師，其為惑也，終不解矣。」研讀科學亦然。「鍥而不捨」「不恥下問」是學習

科學的基本態度,「善問者如攻堅木,先其易者,後其節目」,當我們提問前,先思考清楚疑問的關鍵點,只有解開疑惑,才能體悟學習的愉快。

其三,「哲人日已遠,典型在夙昔」。李教授精心蒐集與撰寫科學家的故事,雋永的文辭描述科學家的奮鬥歷程,期勉學子閱讀科學家的故事後,能感懷「哲人日已遠,典型在夙昔」,殷切期許學子「有為者亦若是」,立定目標,專心學習,以科學成就造福人類。

有一回,諾貝爾物理獎得主李政道教授在追念恩師吳大猷先生的專題演講中,引用杜甫的詩句:「細推物理須行樂,何用浮名絆此身。」他解釋說:「世界上除了真空外,都是由物質構成,物理就是萬物之理,研究物理最基本的精神就是細推,細就是細微的觀察和實驗,推就是數學的邏輯演繹和推理,仔細地推敲萬物的道理就是物理學的內容。」誠哉斯言,他把「細推物理須行樂,何用浮名絆此身」視為做人做事的準則,仔細推敲萬事萬物的道理,從事快樂的事,絕不為世間浮名所牽絆。

「房子再小,也要藏書;時間再少,也要讀書;薪水再薄,也要買書;交情再淺,也要送書。」我鼓勵學生多閱讀,如劉勰《文心雕龍》所說:「操千曲而後曉聲,觀千劍而後識器。故圓照之象,務先博觀。」廣泛閱讀才能積學儲寶,系統地建構知識,增進理解分析的能力。

閱讀是一件令人愉快的事，閱讀李教授的書，更能體悟科學的
理性與感性，引導我們思考與發問。

〈自序〉
爲何我們的學生很會應付考試，但是在科學上的成就不夠好？

　　我們的中學生在各種國際數理方面的考試中都表現得相當不錯，但是在科學的研究成果上，卻沒有很多非常傑出的人。也許我們該問，這到底是什麼原因？這當然不是一個簡單的問題，可是如果我們仔細分析的話，會發現同學有一個特色，那就是他們很會解難題，也有考試技巧，但很少同學會問非常有趣味而有深度的問題。

　　這種不發問的現象的確很嚴重，也不僅限於課堂，我們整個社會就是不太喜歡問問題。舉一個簡單的例子來說，我們大家都看電影，也會看到很多的電影中有相當難拍攝的鏡頭，大家只會欣賞這種電影，而不會問究竟這種電影是如何拍出來的？比方說，很多從前拍的電影中就有獅子和人搏鬥的鏡頭，在當時，電腦技術尚未成熟，獅子絕對不是用動畫合成的，但是我們很少人對於這類問題有興趣。

　　我們常常看到報紙上說某某跑車可以在三秒鐘之內，從零加速到一小時一百公里。我們只會報導這件事，而不去解釋這究竟是如何達到的。好像這不是一個有趣的事，社會上沒有人會對這件

事感到好奇。

學問，學習發問

在美國念過書的人都有過一種經驗，那就是美國學生常常會發問，但是考試往往考得不好。我們的同學很少在上課時舉手發問，可是考試的時候卻又表現得非常好。這種不發問的現象會有什麼問題呢？

第一個問題就是我們的學生雖然沒有搞懂學問，可是因為他沒有發問的習慣，他會似懂非懂地將所學的東西背起來，久而久之成了一個習慣，認為所謂念書就是將老師說的背將下來。很多同學養成了這個習慣，也就不知道自己其實沒有搞懂。舉例來說，在國中一年級的時候，才從小學畢業的同學，就要學關於DNA的知識。DNA與遺傳學相關，但是要搞懂DNA又要懂化學，而且是還是很複雜的化學。小學才畢業，根本不知道化學為何物，也就不懂為何DNA有遺傳的功能。可是我們的孩子並不知道自己不懂，只是以為背了一些名詞，而且在考試中拿到高分，就表示懂了，這是一個多麼嚴重的問題。

再舉一個例子，我們的高一學生要學大霹靂，也就是宇宙的起源，這當然又不容易了解，而且高中一年級的學生是無法透徹了解如此深奧的學問。但是，兵來將擋，同學們不會舉手發問，大霹靂的理論是如何演而來，他們會將書上講的東西全部背下來。

糟糕的是，有的學生就自以為了解大霹靂。

第二，不發問的結果是根本搞不懂很多最基本的學問。以電學來講，高中生會學到庫侖定律，這個定律中有一個物理量，就是所謂的電量，電量的單位是以庫侖來計算。庫侖定律提到了這個電量，可是在庫侖的時代，科學家也許知道一個物體含有電荷，但絕對沒有能力測量電荷量。能夠精確地測量電荷量，乃是近代的事，所以同學們其實對於最基本的問題都沒有搞清楚。同學也許會背庫侖定律的公式，但並沒有弄清楚庫侖定律的真正含義。電磁學中的電場是根據庫侖定律而來，我們如果搞不清楚庫侖定律，對於電場的觀念也只是一知半解。

我念大學的時候，念的是電機系，一直對一個問題非常困擾，那就是在電路分析的時候牽涉到一個虛數，在念傳立葉轉換的時候，又牽涉到一個虛數，可是我當時有一個感覺，自然界並沒有這個虛數，所以我就搞不懂這到底是怎麼一回事。當時也沒有問老師，我曾經和其他同學談起我的困擾，很多同學都有同樣的困擾，也都沒有問，我一直到後來才搞懂這是怎麼一回事。也就是說，有很長的時間，我其實連電機裡一個最基本的觀念都沒有搞清楚。

第三個問題是，我們不問問題，也就不會創造新局。這是必然的現象，要創新局一定是對於一個問題感到非常困擾。我們大家都不問問題，多多少少也表示我們對於很多問題沒有感到困擾，

可是一些觀察敏銳的人，當他看到一種現象以後，他會立刻對這種現象產生興趣，最後發展出一套理論來解釋這種現象。比方說，有人發現在牧場中成天和牛在一起的人不會得天花，如果是我們這些人看到這種現象，絕對不會問為什麼他們不得天花？會問問題的人就會去研究這種現象，最後當然會有很大的突破，牛痘就是如此被發現的。

會問問題，就會思考

既然知道問問題很重要，為什麼我們整個社會不太會問問題？

（一）我們往往教得太難。在國中一年級就教DNA，學生當然不懂，也無從問起。我要是小孩子，也不會問，因為我知道問了以後，老師所講的，我仍然聽不懂。高中要念的理化，中間包含一大堆艱難的學問，大霹靂只是其中之一，量子力學又是另一個不可能懂的學問。同學們根本不把這些學問當作一回事，他們除了背以外，沒有任何辦法。而且他們發現自己不懂是沒關係的，只要會背就可以了。那些很認真念書的同學，反而會考不好，因為他們想把事情搞清楚而沒有背，他們不知道我們國家「背多分」乃是最佳策略。

（二）我們社會的文化，從來不鼓勵發問。在家裡，我們總是習慣大人講話小孩要乖乖地在旁邊聽，不可插嘴。這種想法使得我們的孩子從小就不會發問，主要是不敢發問，因為大人覺得孩

子話太多乃是令人厭煩的事，甚至會覺得乖小孩是只聽不問的。因為問問題多多少少有一種挑戰大人的意味，比方說，小孩子問爸爸，你剛才講的那個論點，在某某情況之下可能是有問題的，這個爸爸並不能欣賞這個孩子的聰明，反而認為這個小孩子有點叛逆。

（三）我們社會的確沒有什麼好奇心。對很多事情，我們不會發現其中的蹊蹺。舉例來說，在911事件中，為什麼恐怖分子在同一個時間內可以通過好幾個機場的安全檢查？為什麼飛行員不立刻以無線電通知地面有人劫機？更奇怪的是，飛行員為什麼會駕機撞樓？因為撞大樓也一定會機毀人亡，如果說恐怖分子自己駕機，這又更加奇怪了，他們頂多學了幾個月的飛行技術，不可能如此準確撞到大樓，而且他們如何能夠使得飛行員將飛機的控制權全部讓給了恐怖分子？駕駛員的機艙幾乎不可能進得去，恐怖分子如何進去？針對許多社會事件，我們應該要有好奇心，才能抽絲剝繭地找出原因。

（四）我們不大知道發問的重要性。我們做老師的，只會要求學生解題目，這就夠了，他究竟有沒有困擾，老師並不會過問。可是我們應該知道，伏爾泰曾經說過，要評論一個人，不能從他的答案，而是要看他所問的問題。我們的老師與整個社會是完全忽略了這一點，難怪我們的學生最多就是會解題，而不會發現新的研究題目，這是很可惜的事。

（五）我們同學之所以不問，還有一個文化上的問題，那就是同學們其實不敢挑戰。假如我們覺得某一個機器不太順手，或者某一個軟體不太好，我們通常就逆來順受，而不問一個最基本的問題：難道沒有改進的空間嗎？我們常常發現這些硬體也好，軟體也好，都是外國有名的公司出產的，因此我們從小就養成崇拜洋人的習慣。再加上老師常常告訴學生這些發明者有多麼偉大，以至於我們不敢說自己有新的想法，看到一個系統明明有問題，也不敢問是否能改善。

（六）我們常常認為問問題表示自己沒學問，所以就不敢問。小孩子沒有這種想法，所以會東問西問，從不覺得問問題是一件難為情的事。可是大了以後，反而覺得問問題表示自己不懂，乃是自曝其短，也就不問了。這種現象在教授中最為嚴重，教授常常很重面子，不懂的東西其實也不少，但就是不肯問人家，尤其不肯問比他年輕的人。我們有一句話叫做不恥下問，其實這句話本身就是有問題的，因為「下問」就是看不起人的說法，可見這一句話充分顯示我們國人愛面子的現象。

不問問題，嚴格說起來乃是不思考的現象。我們常常看到電影上有科學家在走廊中走來走去，其實是因為他發現了一個令他非常困擾的問題。如果一個人根本沒有令他困擾的問題，試問，他怎麼可能在科學上有很大的成就呢？

科學，從好奇開始

我寫這本書是希望同學們看了以後，好好地養成一個有好奇心的習慣，對於很多的事物，都要問問究竟怎麼一回事。比方說，我們從小就知道萬里長城在兩千年前就已建造，至今長城依然健在。一個充滿好奇心的學生應該會問，究竟萬里長城所用的材料是什麼？兩千年前是沒有水泥的，可是顯然不需要水泥也可以建造非常堅固的建築。像這一類的問題，我們同學卻沒有問，這不是一個好的現象。如果我們要成為好的科學家，就必須有強烈的好奇心。看了這本書以後，我們多多少少會知道，過去偉大的科學家都是從好奇心開始的。

我也寫了一篇文章，算是我的導讀，這篇文章對於非理工科的學生來說，可能難了一些。裡面有一些數學式子與科學上的知識，對於了解這些偉大的理論有相當大的幫助，但是非理工科同學可能比較難以消化，但我們也不可能再簡化這篇導讀了。所以我建議理工科同學可以細細研究，非理工科的同學就當作一項挑戰吧。

科學，你一定要發問

李伯伯導讀
科學，你一定要發問

　　一直有點擔心我們國家的下一代好像不太喜歡科學，我相信我們的學生對科學的知識大致不錯，比方說，我們的同學都知道牛頓的萬有引力定律，但是他怎麼得到這個定律，同學們就不關心了。如果一定要問，很多同學會說因為牛頓坐在蘋果樹下，蘋果掉到他的頭上，他就得到靈感，想出萬有引力定律。當然不是如此，因為任何一個定律，必定要能解釋很多自然界的現象，單單蘋果掉下來，一定是不夠的。

　　再舉一個例子，幾乎所有的中學生都知道道耳吞，因為他提出了原子說，可是道耳吞如何想出原子說？中學生幾乎都不知道，為什麼不知道呢？因為老師沒有教，教科書裡沒有提，所以同學們就一概不知道了。問題是，同學們為什麼不問呢？這就是我們科學教育最嚴重的缺點。我們告訴學生好多科學知識，但是同學們對於這些知識的來龍去脈，卻絲毫不好奇。我曾經問過我所有的學生，他們都不知道道耳吞如何想出原子說。最嚴重的是，他們不知道自己應該提問。為什麼不問呢？因為我們不太鼓勵發問，對於學生來講，有沒有真的了解並不是重要的事，能考試過關，才是最重要的。

　　這種現象，有點像學生們不會加減乘除，卻會用計算機，所以

學生會將兩個數目乘起來，也能得到精確的答案，但其實根本不會基本的算術。試想，他將來會成為數學家嗎？

我們的學生對於科學，知道很多知識，但只知其然，而不知其所以然，這是非常被動的學習態度。我們一定要教會我們的下一代，科學結論是如何達成的，因為科學的結論往往艱深難懂，也往往枯燥無味。但科學家得到結論的過程，其實相當有趣。其精采的程度好比偵探小說，如同大偵探的解謎過程，科學家當然也是在解一個謎。

科學家有什麼共同特色呢？

雖然我並非什麼科學家，但我總希望我們的下一代能對科學有興趣。同學們一定會問，如何能夠成為一位偉大的科學家呢？關於這一點，坦白講，我也不知道，因為如果我知道，我就是偉大的科學家了。可是，我們不妨先看看這些科學家的共同特色：

（1）他們都是極有好奇心的人。很坦白地講，我們學生不太有好奇心，比方說，我們看到李安的電影裡面有老虎的鏡頭，卻不會好奇這些鏡頭如何達成。我們看到義大利的跑車，加速能力非常高，也只會羨慕他們製造出如此精良的跑車，卻不會問這些高級跑車的引擎是根據何種原理而來。再比方說，我們很多學生在實驗室裡都會用電容器，這些電容器上都有一個規格寫明這個電容器是多少法拉，但是同學們大概不會問，電容器公司是如何做

到如此精確的電容器？自然界應該有很多令我們不解的現象，當初那些科學家看到自然界的各種現象，因為他們有好奇心，所以展開研究，最後才得到非常好的結果。

（2）他們不會假裝知道。我們學生有一個很嚴重的問題，總認為回答不了問題是非常丟臉的事情，所以即使不知道也不會表現出來，更不會找比較有學問的人來解惑，這種情況使我們不可能有相當偉大的科學家。

（3）他們都是會問問題的人，而這與他們的好奇心有關。我們同學為什麼不太問問題？恐怕是我們教育制度的缺失。我們在課堂裡所教的教材相當有難度，比方說，在國中一年級上學期就要學何謂DNA，可是要學DNA，就必須先懂化學，國中一年級的學生怎麼可能懂化學呢？高中一年級的學生一概要學馬克士威方程式和量子力學，這是完全不通的事，因為要學這些東西必須先有微分方程的基礎。一旦學生上課「有聽沒有懂」，很容易養成只聽不問的習慣。

（4）他們都是非常有學問的人。不難想像，他們一定耗費心力研究。在馬克士威的著作中，他提到一百三十多位科學家的貢獻，可見他累積多少學問，才能達成如此成就。其他的人一定也是如此。

（5）他們都很會做實驗，尤其是法拉第。我們的教育其實看輕了實驗的重要性，儘管在學校裡面有實驗課，同學和老師們卻

往往忽略。如果我們在書上讀到某一種理論，卻不會用實驗來驗證，表示我們仍然只是紙上談兵。

（6）他們都不會過分地重視名利，居禮夫人當然是最好的一個例子。做研究絕對不是為了賺錢，若是如此，做出來的研究就不會非常傑出。我們想想看，當年這麼多人做電學的相關研究，相信他們也沒有想到電會對我們人類生活上有很大的幫助。而且，如果他們腦子裡只想到賺錢，就不會做電學的研究，因為當時做電學研究根本不會賺錢。

這本書將介紹22位科學家的故事，他們的名字和功績都出現在高中的教科書裡，他們對科學的基本原理相當有貢獻。我現在先從牛頓介紹起。

為什麼月球不會飛走？

牛頓對科學的貢獻，幾天幾夜都講不完。對中學生而言，牛頓的萬有引力定律最為重要，究竟這個定律為何被人接受呢？最大原因是這個定律可以解釋很多天體運行的現象。有些現象並不好懂，但我設法用牛頓的萬有引力定律來解釋月亮繞地球一圈的時間。

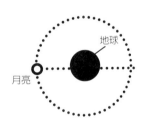

圖一：月球環繞地球公轉

月亮是地球的一個衛星，它一直繞

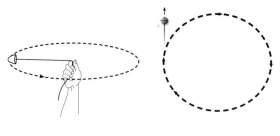

圖二：小石子依賴繩子的
拉力而作圓周運動

圖三：小石子失去向心
力，沿著切線方向飛去

著地球轉。如圖一所示。

　爲什麼月球不會飛走呢？要回答這個問題，我們不妨想想看，我們小的時候，常常玩一個遊戲，就是用繩子捆住一個小石子，然後我們揮動這根繩子，使小石子在一個圓圈上行動，不會掉下來，如圖二所示。如果將手鬆掉，小石子就會飛出去了，如圖三所示。

　這個遊戲告訴我們一件事：要使小石子一直繞著圓心，我們一定要給小石子一個力，這個力使小石子可以在任何時間改變它行進的方向，如果我們鬆手，小石子就不再感到受力，它也就不再改變行進方向，而會沿著切線方向飛出去。

　物體沿著一個圓圈轉，是因爲有一種力量作用在這個物體上，這個物體所受的力叫做「向心力」，也是大家所熟悉的名詞。

　月球繞著地球轉，它一定受到向心力，向心力從哪裡來？牛頓

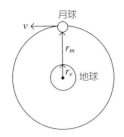

圖四：月球公轉地球的軌道半徑為r_m

的萬有引力定律可以解釋。我們在地球上，都會感受到地球的引力，月球離地球很遠，但仍感受到地球的引力。如果月球的質量是m，若它接近地球表面，則所受到的力Fg為mg，g大約等於9.8公尺／秒^2，稱為地表附近的重力加速度。

月球和地球的距離大約是地球半徑的60倍，根據牛頓的萬有引力定律，它所受到的引力和距離的平方成反比。月球所受的力是在地球表面上受力的$1/60^2$倍，也就是1/3600倍。

月球對地球的行進方向幾乎是沿著一個圓，如圖四。

假設地球的半徑為r_e，月球公轉地球的速度是v，公轉軌道半徑為r_m，約為$60r_e$，繞一圈的時間是T，則$v = \dfrac{2\pi(60r_e)}{T} = \dfrac{120\pi \cdot r_e}{T}$。

月球所需的向心力公式和v，m以及r_m有關，可表示為下列的關係式：$F = \dfrac{mv^2}{r_m} = m\left(\dfrac{120\pi \cdot r_e}{T}\right)^2 \dfrac{1}{60r_e}$

以上的向心力是由地球引力提供，所以一定會等於它所受到地

球的引力，我們因此可以得到 $\dfrac{mg}{3600} = \dfrac{9.8m}{3600} = m\left(\dfrac{120\pi \cdot r_e}{T}\right)^2 \dfrac{1}{60r_e}$

m 可以消掉，$r_e = 6371km = 6371 \times 10^3 = 6.371 \times 10^6 m$

以上的式子很容易解得，答案是 T＝2346058秒＝27.153天，這已是相當準確的答案，月球繞地球一周的時間是27.153天。

為什麼我要做這個推算呢？道理很簡單，我希望大家知道，一個定律能被科學界所接受，是因為它能解釋自然界的很多現象。牛頓的萬有引力定律有它的限制，在某些情況之下，我們無法用它來解釋自然的現象，但它的確解釋了很多天體運行的現象。此外，我們絕對不能說牛頓找出萬有引力定律，而是應該說他解釋了蘋果向下掉的現象。

微積分是怎麼來的？

牛頓常說自己是站在巨人的肩膀上看世界，所以可以看得非常遠。他的意思是，自己並非很聰明，而是因為知道很多過去科學家的成就，所以才可以有如此成就。的確，牛頓的成就是很多過去科學家的成就所造成的，不只牛頓的情形是如此，幾乎每一位科學家的成就，都與過往科學家的成就有關。

牛頓不僅在物理上成就非凡，在數學上，也被認為發明了微積分。我們當然也聽說過，德國的萊柏民茲才是真正發明微積分的人，這一段公案，我們暫且不管。我們都知道微積分中有一個導數的觀念，如圖五所示。我們可以說 $y = f(x)$，對於曲線上任何一

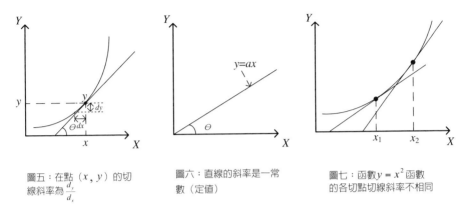

圖五：在點（x, y）的切
線斜率為 $\frac{d_y}{d_x}$

圖六：直線的斜率是一常
數（定值）

圖七：函數 $y = x^2$ 函數
的各切點切線斜率不相同

點（x, y），我們可以畫一條曲線的切線，這條曲線的斜率是多少
呢？如果 $y = ax$，也就是說，曲線是一條直線，如圖六，我們知道
斜率是一個常數，因為直線的切線斜率就是一定值。

如圖七所示，我們畫了 $y = x^2$，我們發現，當x越大的時候，它的
切線斜率就越大，切線的斜率就是導數，導數怎麼求的？在微積
分，導數的符號是 $\frac{d_y}{d_x}$，如果 $y = x^n$，則 $\frac{d_y}{d_x} = nx^{n-1}$

我現在要介紹一位牛頓的老師，他叫做伊薩克·巴羅，他有一個
簡單的方法可以求 $\frac{d_y}{d_x}$ 出來，請看圖八。

我們假想在（x, y）這一曲線上，另取一點非常靠近（x, y），
我們叫這一點 y'，$y' = (x - dx, y - dy)$，要注意的是，dy 和 Δx 都是非常
小的，$\frac{d_y}{d_x}$ 當然就是 y（x, y）點切線的斜率了。$\frac{d_y}{d_x}$ 等於多少呢？我

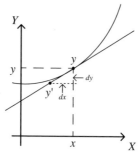

圖八：通過 y 和 y' 兩點

的直線斜率相同

們舉一個例子：

$$y = x^2$$

因為 dx 和 dy 非常近，所以

$$y - dy = (x - dx)^2$$

$$= x^2 - 2dx \cdot x + (dx)^2$$

可以略去 $(dx)^2$，因為 dx 非常小，$(dx)^2$ 就更小，

$$\therefore \ y - dy = x^2 - 2(dx)x$$

但 $y = x^2$

$$\therefore \ -dy = -2(dx)x$$

$$\therefore \ \frac{dy}{dx} = 2x$$

再舉一個 $y^2 = px$

$$(y - dy)^2 = p(x - dx)$$

$$y^2 - 2(y)(dy) + (dy)^2 = px - p(dx)$$

可以略去$(dy)^2$，因爲dy非常小，所以$(dy)^2$就更小，

$$y^2 - 2(y)(dy) = px - p(dx)$$

因爲$y^2 = px$

$$\therefore -2(y)(dy) = -p(dx)$$

$$\therefore \frac{dy}{dx} = \frac{p}{2y} = \frac{p}{2\sqrt{px}} = \frac{1}{2}\sqrt{\frac{p}{x}}$$

如果我們用微積分來處理，答案完全一樣，所以我們不難看出牛頓很多的貢獻都和他的老師有關，要不是老師的教導，他不會如此傑出。

牛頓對世人影響最大的貢獻應該就是所謂的$F = ma$。這個公式其實也受到伽利略的影響，伽利略對於物體的運動，早就有以下的觀察：

（1）垂直行動：如果物體自地面附近的高處落下，它的加速度幾乎是一個常數。

（2）水平行動：如果物體在光滑的平面以等速前進，而且也沒有外力干擾，則此物體的方向和速度都不會改變。

牛頓的運動公式$F = ma$解釋以上的現象。對於垂直行動，物體所受的力就是地心引力。由於這種引力，物體的加速度當然就是一個常數。

　　關於水平行動，由於我們沒有對此物體施力，所以 $F = 0$，因此 $a = 0$，沒有加速度，行動的速度就會保持與原狀態一樣，方向也一樣。但世界上沒有絕對平滑的桌面，因此物體終究會因為摩擦力而停下來。

如何用數學找出彗星的秘密？

　　接著，我們現在要介紹牛頓的好朋友，天文學家哈雷。我們常以為天文學家只要成天「夜觀天象」就可以了。其實不然，因為哈雷能夠準確地預測哈雷彗星對地球的週期，相當不容易。哈雷並不是只會夜觀天象，他根本就是一個數學家，能很精準地算出哈雷彗星的週期是75到76年。哈雷生於1656年，在1682年，他看到一顆彗星，認為這顆彗星和1531年以及1607年所看到的彗星是同一顆，這也使他預測下一次這顆彗星再造訪地球的時間應該是1758年。而彗星果真於1758年再度造訪地球，遺憾的是哈雷已經過世了。1759年，這顆彗星遂被命名為哈雷彗星。

　　哈雷彗星大約每隔75年會接近地球，每次都有紀錄。《春秋》上提及，在魯文公十四年，中國人看到有星孛入北斗，應該算是最早的彗星紀錄，魯文公十四年，也就是公元前613年，《史記》在公元前240年又有一次紀錄，各位可以算一下，$613 - 240 = 373 \cong 5 \times 75$，的確當時看到的是哈雷彗星。公元前164年，巴比倫人在一塊土塊上記錄了哈雷彗星的出現，這個土塊現

在珍藏在大英博物館，大英帝國到處侵略，在中東大概搜括了好多寶物，這個土塊也被英國人搶去。

彗星究竟如何形成，科學家還在研究之中。有一種說法是大自然在形成星體的時候，有一些殘留物，這些殘留物形成彗星。據推算，彗星誕生得很早，大概總共有43億年的歷史。

富蘭克林如何倖免於雷擊？

接著，我們要討論對科學好於發問的富蘭克林。他並非一位專職的科學家，這種人在歷史上幾乎絕無僅有。

富蘭克林曾做過一個有名的實驗，他在暴風雨中放一只風箏到天空中，證明自己的推論：暴風雨中的閃電由電流造成。他還因此發明避雷針。

然而，富蘭克林如何做這個實驗，仍是個謎。因為富蘭克林沒有確切地記載實驗過程，而我們都知道，這個實驗非常危險。試想，在暴風雨中，天空中有一只風箏，風箏的線連到富蘭克林的手，而這條線在暴風雨中一定早就濕掉，如果富蘭克林的手碰到了這條濕線，鐵定沒命。有人說富蘭克林也許站在一個絕緣體上，這也是絕不可能的，因為閃電的電壓相當大，一旦到達人的手指，腳下的絕緣體一定會垮掉。

要注意的是，富蘭克林在風箏的線上連接一把鑰匙，鑰匙可以插入一個當時已有的「萊頓瓶」，也就是現在俗稱的電容器，

所以電流是流入這個電容器。至於富蘭克林，他一定不能被雨淋到，但如何做到這點，沒有人清楚。

總之，富蘭克林的實驗眾說紛紜，但是他肯定對電了解透徹，因為他後來發明了避雷針。

此外，有人說富蘭克林發現了電荷有正、負兩種，這種說法並不正確。電荷有兩種，是法國科學家杜費發現的，他發現不同物體的摩擦會產生不同的電荷，不同的電荷會互相吸引，相同的電荷會互相排斥，這也就是我們所熟悉的「異性相吸、同性排斥」的現象。他將其中一種命名為「vitreous電荷」，另一種「resinous電荷」，而富蘭克林只是將前者命名為正電荷，後者為負電荷，所以他並非正負電荷的發現者。

我們應該要問的是：杜費和富蘭克林知道電荷何者為正，何者為負嗎？我認為他們其實並不知道，因為當時的知識還不可能讓他們分辨正負電荷，他們應該只知道有兩種不同的電荷而已。

正負電荷究竟是什麼？這要等到後來的科學家才弄清楚，要了解正負電荷究竟為何，我們必須先知道原子裡面有質子和電子。電子的電荷，我們稱之為「負電」，質子的電荷是所謂的「正電」。有趣的是，電子和質子的帶電量一樣，而且任何一個原子內部的電子數目和質子數目也相同，因此任何一個原子都是中性，因為正負電互相抵消掉了。

電子比較活潑，比較不受管教，一有外力誘惑就會跑出去，如

果大批電子因為摩擦從物體A跑到物體B，物體A因為失去電子當然就帶正電荷，物體A內並沒有質子跑出來，因為在原子核內的質子很安定，絕不離開原子核，可是原子內部少了一個電子，就帶正電，因此物體A帶有正電。這些學問究竟由誰發明，我們將會介紹，而這些都是富蘭克林以後的事情。

在1758年，富蘭克林發表了《往富有之路》，這本書其實是告訴我們要辛勤工作，以下都是他的名言：

（1）沒有痛苦，就沒有進步。

（2）一個今天等於兩個明天。

（3）大師的眼睛比他的雙手還重要。

（4）早睡早起使人健康、富有，以及充滿智慧。

庫倫如何測量電荷？

因為富蘭克林對電子特別有興趣，我們必須介紹一位對電子非常有貢獻的人，那就是庫侖。幾乎所有的高中物理教科書都會提到庫侖定律，根據教科書，庫侖定律的公式如下：

$$F = \frac{Q_1 Q_2}{4\pi \, \varepsilon_0 \, r^2}$$

Q_1 和 Q_2 分別表示兩個帶電體質點的電荷，r是兩質點之間的距離，F是兩者之間的力，ε_0 是真空中的電容率，如果 Q_1 和 Q_2 是電性相同的電荷，F是排斥力；如果是不同電性的電荷，F就是吸

引力。這個是高中學生所知道的定律，大家應該要問問其中的奧妙，可惜我們的同學通常不問，這也充分顯示大多學生只會死背，而不會真正的求學問。

第一個問題是：庫侖如何測量電荷？

如果我們查閱歷史文獻，庫侖並沒有寫下現在大家知道的庫侖定律公式。他僅僅表示，兩者之間之力和 $Q_1 Q_2$ 成正比，而與 r^2 成反比。庫侖當時並沒有算出真空中的電容率 ε_0，也沒有提到如何能測量 Q_1 和 Q_2 電荷量。

我們現在將電荷的常用單位稱為「庫侖」，這是庫侖去世以後的事情，庫侖不可能知道他做實驗時電荷是多少庫侖，因為那時候並沒有對電荷量訂出國際標準。當時科學家其實沒有「電子」的概念，所以根本無法確切地說 Q_1 和 Q_2 是多少庫倫電荷。

雖然不知道 Q_1 和 Q_2 是多少，還是能知道力和 $Q_1 Q_2$ 成正比。我們先使一個物體A帶有電荷，然後將它和另一個大小形體一樣的中性物體B碰一下，我們可以想像得到，A和B具有同樣大小的電荷，也就是原來電荷的一半，若將現在物體上的電荷稱為 Q_1，可以用這兩個物體做一個實驗，假設所得到排斥力是 F_1。

然後將物體A再和大小和形狀相同的中性物體C碰一下，A和C分別只有 $\dfrac{Q}{2}$ 的電荷了，如果再做一次實驗，所得到的力是 F_2，且 $F_2 = \dfrac{1}{4} F_1$。

我們可以再將B球和C球做一個實驗，這次 $Q_1 = Q$，$Q_2 = \dfrac{Q}{2}$，$Q_1 Q_2 = \dfrac{Q^2}{2}$，這次的力是 F_3。我們發現 $F_3 = \dfrac{F_1}{2}$。

因此得到以下的表格：

Q_1	Q_2	$Q_1 Q_2$	F
Q	Q	Q^2	F_1
$\dfrac{Q}{2}$	$\dfrac{Q}{2}$	$\dfrac{Q^2}{4}$	$\dfrac{F_1}{4}$
$\dfrac{Q}{2}$	Q	$\dfrac{Q^2}{2}$	$\dfrac{F}{2}$

由這些實驗，即使不知道究竟 Q_1 和 Q_2 多大，也是可以得到力和 $Q_1 Q_2$ 成反比。

我們當然可以問第二個問題：ε_0 如何決定？

ε_0 其實不是庫侖所決定，而是後人決定。

庫侖的研究奠定電學的基礎，電磁學的電場就是根據庫侖定律而定義。電機系學生是避不開庫侖定律的。

講到「電」，就會講到正負電，現在我們都說電子帶負電，可不可以說電子帶正電呢？很多同學一定會反對，因為我們可以做一個實驗來證明以下的事實；

電子會向正極偏移。

既然電子向正極偏移，電子當然帶負電了。

但是誰規定正極的呢？我們必須承認，正極與電池有關的，請看圖九：

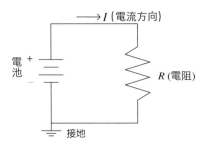

圖九：電流 I 從電池正極流出

圖十：電解液與金屬

所謂正極，就是電流流出的那一極，因此正負電的定義可以追溯到電池。誰發明電池？大家都說是伏特。

為何死去的青蛙腿會抽動？

伏特是義大利人。在他的年代，義大利有一位名叫伽伐尼的醫生，他發現如果青蛙的腿受到靜電的刺激，會有抽動的現象，即使死去的青蛙也是如此。伽伐尼因此將這種電稱之為「動物電」，意思是這種電是由動物所產生。

伏特後來發明電池，就是與伽伐尼的發現有關。我們暫時不談伏特，先來談一下伽伐尼實驗。在當時，這個實驗並沒有太多的意義，現在回想起來，伽伐尼的實驗其實相當有意義。我們人體內的很多功能都與電有關，我們的眼睛看到東西，這個訊息依靠電波由神經系統傳輸到大腦，如果我們的腦神經系統出現問題，

即使視力正常，也看不到東西。

　　信不信由你，腦子裡的神經系統幾乎和電機系所熟知的「傳輸線」一樣。有一個著名的動物神經公式，叫做霍奇金—赫胥黎方程式，也幾乎和馬克士威方程式一樣。馬克士威方程式解釋電磁波的原理，霍奇金—赫胥黎方程式解釋了神經脈波傳輸的原理。現在我們想想，死去青蛙的腿會抽動，也就沒有什麼大驚小怪了。

　　伽伐尼先利用摩擦青蛙腿上的皮膚產生電荷，然後在坐骨神經的另一端連上一種金屬，青蛙腿就會抽動。伏特非常聰明，他認為這種電流與動物無關，青蛙不會產生電流，而是對電流會有反應，與兩極有不同的金屬有很大的關係。他後來的伏打電堆就是根據這個想法設計出來。

　　要了解伏特的想法，我們不妨假設有兩個地方，分別是A與B。A地的人口比較多， B地的人口比較少，大家可以想像得到的是A的人口會向B移動。

　　伏特的電池原理也是差不多，他用不同的金屬A和B中間夾一個電解液，如圖十所示。

　　電解液使金屬的原子失去一個電子，失去電子的原子變成帶有正電的離子，當然液中也有可以自由移動的電子。假如A金屬產生電子的能力比較強，很多電子會由A向B移動。我們可以說兩片金屬中間有一個電壓，其中A金屬被稱為正極，B金屬為負極。我們在外面提供一個迴路，電子就會走回去了，這也就是電池外面一

定要有一個迴路的理由。

伏特電池被稱爲伏打電堆，他用的Ａ金屬是鋅，Ｂ金屬是銅，電解液用的是鹽水，因此伏打電堆的鋅是正極，銅是負極。

伏特當時相當有名，所以受邀在拿破崙面前展示他的伏打電堆。拿破崙也極爲欣賞他的才能。有趣的是，我們通常認爲拿破崙爲一介武夫，但他其實非常有學問。在幾何學上有一個定理，叫做拿破崙定理，相當不容易證明。如果拿破崙不從政，而從事科學研究，一定會有相當不錯的成果。

寫到這裡，同學們可以問以下幾個問題：

（１）有了伏打電堆，伏特如何知道有電流的？

現代人檢查電流是否通過，最簡單的方法乃是將電池的兩端接上電燈泡，電燈泡一亮，就表示有電流。伏特當年並沒有電燈泡，究竟怎麼辦呢？

第一、他大概將電堆的兩極放到鹽水裡面，鹽水等於一種電阻，可是這時鹽水可能會起泡，代表電流通過。

第二、他可以在鹽水的附近放一個磁鐵，然後觀察磁鐵有否移動，因爲當時已有電流可以改變磁場的觀念。

第三、以下要講的實驗，同學們絕對不要輕易嘗試，因爲非常危險，老師們也要禁止學生做這個實驗。那就是將電堆的一端接到眼睛的旁邊，另一端接到舌頭上，這時你會看見一道閃光，當然這個接觸時間一定要非常短，因爲是非常危險的實驗。據載，

伏特做了這個非常危險的實驗，他還做交流電的實驗，也就是他叫人不斷地改變正負端的連接。我要在此強調，同學們絕對不能做這個實驗。

（2）伏特曾經在面前展示伏打電堆，為什麼拿破崙立刻欣賞這個發明？當年的拿破崙應該不知道電的用途，何以他給伏特很多錢從事研究？我們不難看出，拿破崙其實相當聰明，顯然他預測到這個發明相當重要。

電流之間也有吸引力？

講完伏特，我們要介紹安培。我們現在談到電壓，總以伏特為單位，講到電流，就會用安培為單位。各位讀者也許不知道，一安培的電流非常大，不相信的話，不妨去看看積體電路裡面的電流，那真是小得驚人，往往是一安培的百萬分之一。

庫侖定律說電荷之間有力的存在，安培最大的貢獻就是發現電流之間也會有力存在。請看圖十一。

圖十一中有兩根電線，各自有電流，安培發現如果電流相同，電線之間有互相吸引的力，反之，流向相反

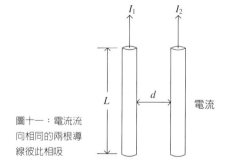

圖十一：電流流向相同的兩根導線彼此相吸

則有互相排斥的力。以下是大家熟悉的公式：$\dfrac{F}{L} = \dfrac{\mu_0 I_1 I_2}{2\pi d}$，其中 d 是兩導線的垂直距離。

請注意，以上的安培公式也有一個參數，叫做 μ_0，中文稱為「真空中的磁導率」。大家不要小看這個參數，它的重要性難以想像，和我們的電磁波傳輸速度有相當密切的關係。

安培提出的概念和「必歐－沙伐定律」相關。這個定律裡面的力和磁場有關，磁場的存在並不好懂，安培在磁場方面的研究促使馬克士威建立自己的電磁波理論。

也許讀者會問，安培當年用什麼樣的導體做實驗？他用的是很粗重的銅線，因此當線移動的時候，觀察者可以看得很清楚。現在我認為同學們應該問一個問題：安培知不知道 μ_0 值？其實他並不知道，他只知道兩根導線之間的力和電流乘積 $I_1 I_2$ 成正比，和距離 d 成反比。我們現在知道何謂「一安培」的電流，但是當時安培自己並不知道。

何謂短路？

安培的實驗和磁學有關，但是最早發現磁與電有關的人應該算是厄斯特，他發現電流可以使磁針偏轉，安培就是根據他的實驗開啟一連串實驗。除了安培之外，法國的必歐和他的助手沙伐也對電流和磁的關係有很大的貢獻。

我們電機工程師都知道歐姆這個名詞，歐姆是電阻的單位，基

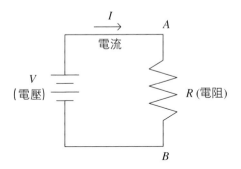

圖十二：溫度變化很小的金屬導線中，電壓 V、電流 I 和導線電阻 R 遵守歐姆定律

本的電學包含電壓、電流和電阻三種物理量。通常，我們用 V 代表電壓，I 代表電流，R 代表電阻，請看圖十二。

V、I 和 R 的關係很簡單，這就是所謂的歐姆定律：

$$I = \frac{V}{R}$$

I 的單位是安培，V 的單位是伏特，而 R 的單位是歐姆。歐姆定律是每一位電機工程師必定要用的定律，對我們日常生活來講，這個定律十分有用。我們不妨看看以下兩個極端的例子：

例1：R=0，$I = \frac{V}{R} = \frac{V}{0} \to \infty$

所謂R=0，其實就是我們日常生活中的短路，也就是說A和B兩端忽然碰到了，如圖十三所示。

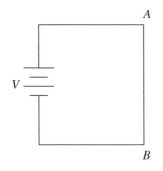

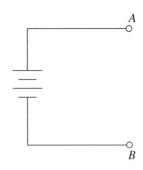

圖十三：A與B之間無電阻，
造成短路，具有危險性。

圖十四：A與B之間沒有導
體相連，稱為斷路。

按照歐姆定律，$I = \dfrac{V}{R} = \dfrac{V}{0} = \infty$，這是大家所知道的短路結果，如此大電流通過，相當危險，因此我們的線路都設有保險絲，一旦短路，就會將線路跳開。何謂跳開呢？又可用歐姆定律來解釋。

例2：$R = \infty$，$I = \dfrac{V}{R} = \dfrac{V}{\infty} = 0$

$R = \infty$，表示無窮大，就是所謂的跳電，A和B之間沒有任何導體相連，如圖十四所示，電流不能流，自然會降到零，為「斷路」。

暴風雨來臨，電線會被吹斷，這時，我們可以說$R = \infty$了。

電流如何影響磁場？

對電機工程師來講，另一個人令我們頭痛的科學家是法拉第了，因為他在電算上的成就實在太好，我們往往被他弄得頭昏眼

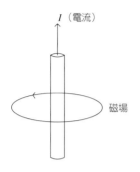

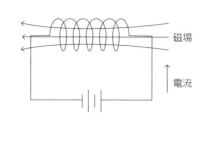

圖十五：金屬導線的電流
向上，則周圍建立磁場。

圖十六：螺線形線圈通上
電流後，內部產生磁場。

花。

要介紹法拉第的貢獻，我們不妨再次回到厄斯特，他的貢獻可以用簡單的話來形容：

電流的改變可以影響磁場。

而法拉第厲害之處乃是他進一步地說：

磁場的改變是可以產生電流的。

為什麼會有如此精采的發現呢？我們必須了解電流如何影響磁場。我們都知道所謂的安培右手定則，如圖十五所示。

假如我們有一個線圈如圖十六，我們在線圈裡通以電流，線圈內部會產生一種磁通量。

我們再進一步將一個迴圈和一個電流檢測器（檢流計）裝在線

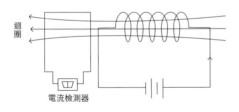

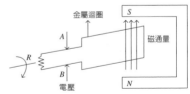

圖十七：電流檢測器（檢流計）檢測是否有電流通過。

圖十八：轉動金屬線圈，造成通過線圈的磁通量發生變化，就可以產生電壓。

圈的前面，如圖十七所示。

　　這個電流檢測器可以檢測電流有無通過迴圈，也許同學會問，電流檢測器的原理是什麼？它的原理就是「電流可以影響磁場」（電流的磁效應），也就是說，一旦檢測器內有電流通過，檢測器內的磁場會改變，當然會轉動一根指針。

　　在電池連上的情況之下，迴圈裡沒有電流，一旦我們將電池內的連接撤除，線圈裡的電流忽然降到零，在迴圈內的電流檢測器的指針會動起來，顯示有電流通過迴圈。這個電流無法持久，不久就消失，指針會歸零。如果我們將電池再接回去，指針又會動，這次所指的是反方向。我們可以說迴圈的端點A和B之間產生電壓。

　　當電流發生變化，磁場也會變化，這個實驗證明磁場的變化會產生電流。法拉第的發現使我們可以設計交流電發電機，如圖

十八所示。

假設我們將圖十八中的線圈轉動，我們可以想像得到迴圈所感到的磁通量不一樣，圖十八中的迴圈的磁通量非常小，如果迴圈轉90度，所感受到的磁通量最大，所產生的電壓也就最大，交流電就此產生。

馬達是怎麼來的？

發電機是將動能轉換成電能，我們也可以反過來做，假設我們將圖十八中的線圈通以交流電，線圈中的電流改變，會使附近的磁場不斷地改變，這個新產生的磁場對磁鐵原有的磁場時而加強，時而減弱，對迴圈而言，它會感受到一種力，這種力使得它會轉動，這就是大家所熟知的電動馬達，馬達將電能轉換成動能。

現在的馬達非常複雜，但都是根據安培的原理，我們現在可以來看看馬達是怎麼一回事。圖十九中有一個玻璃杯，杯子放一個磁鐵。

因為鹽水是電解液，鹽水中會有電子，因此等於提供電流的通路，我們可以將以上的裝置改畫成一個線路圖，如圖二十所示。

一旦有了電流，鐵線的周圍就會有一個圓形的磁場，而磁力的方向垂直於磁鐵。我們又可以用圖二十一來顯示這點，從圖二十一，我們可以看出有一個力來推鐵線朝外。

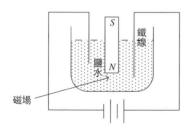

圖十九：玻璃杯內放置鹽水和磁鐵

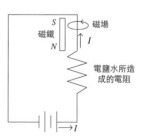

圖二十：電流 I 流經電解液鹽水，在鐵線周圍建立磁場。

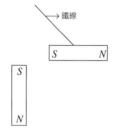

圖二十一：鐵線一端固定，磁力推鐵線朝外，鐵線末端就圍繞磁鐵打轉。

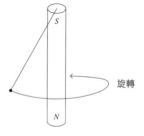

圖二十二：鐵線末端圍繞磁鐵打轉

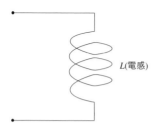

圖二十三：通上電流後，電感內部產生電磁場。

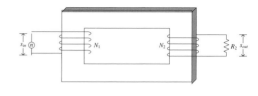

圖二十四：變壓器 N_1、N_2 分別為原線圈和副線圈的匝數。

因為鐵線一端是固定的，鐵線的末端就圍繞著磁鐵打轉了。如圖二十二所示。

變壓器是怎麼來的？

我們大家都知道英國的法拉第，很少人知道亨利，其實亨利也是傑出的科學家，他和法拉第一樣，都對電和磁之間的關係有很傑出的研究，因此我們將電感的單位命名為「亨利」，也就是1H。

圖二十三內有一個電感，如果我們將電流送進這個電感，電感內部就會有電磁場，如果電流改變，磁場就會改變。根據法拉第的理論，電感的兩端就會有一電壓，而這個電壓和線圈的圈數成正比，因此電感可以做成變壓器。一個理想的變壓器如圖二十四所示。

假設我們的V_1是交流電壓，根據法拉第定律，交流電流產生一磁通量ψ。

$$V_1 = -N_1 \frac{\Delta \phi}{\Delta t}$$

$\Delta \phi$就是磁通量的瞬間變化，因為ψ必定保存在磁鐵之中，所以

$$V_1 = -N_2 \frac{\Delta \phi}{\Delta t}$$

變壓器的原線圈和副線圈的磁通量變化率 $\dfrac{\Delta\phi}{\Delta t}$ 相同，因此可以得到：

$$\dfrac{V_1}{V_2} = \dfrac{N_2}{N_1}$$

電感在電機線路上的應用奇多無比，可惜這些應用都不太能用直觀的方法來解釋，我只好就此打住了。

手機如何傳遞訊息？

介紹安培、庫侖，以及法拉第這些科學家以後，我們要介紹馬克士威了。先想想一個問題：我們如何打手機？當我們打手機的時候，其實是將訊號傳輸到附近的一個基地台，基地台再將訊號傳輸到別處的基地台，如圖二十五所示。

大家都知道，手機和基地台中間的這一段是無線的，訊號如何傳輸過去？不能靠電流，因為空氣是絕緣體。這種訊號是靠電磁波，這種電磁波的頻率波段是肉眼看不見的，但是它絕對存在，而且以極快的速度在空氣中傳播。我們可以說手機是一個發射器，基地台有一個天線，當電磁波到達基地台天線的時候，我們就說基地台收到訊號了。

對於絕大多數的人來說，我們的發射器好像發出去的是電波，而我們的天線好像也在接收電波，為什麼我們又叫這種波為電磁波呢？的確，電磁波中有電波，但也有一個磁波，只是我們電機

圖二十五：透過基地台傳遞手機發出的訊息。

工程師利用的是電波而已。爲什麼會有磁波呢？道理很簡單，我們都知道：

電場變化會造成磁場變化。

但是我們又知道：

磁場變化會造成電場變化。

電磁波就是因爲電場和磁場交互震盪而產生。

馬克士威是第一個人提出這個重要的觀念：世界上存有電磁波。他是怎麼樣想出這個結論？我們必須知道，馬克士威是一位數學家，他根據當時的一些科學家如高斯、安培和法拉第所整理出來的一些方程式，又加入自己的想法，然後他利用這些方程式導出電磁波的波連，這些方程式稱之爲「馬克士威方程式」。

馬克士威方程式可以用各種形式呈現，不論哪種形式，都牽涉不簡單的數學。要解這些方程式，最起碼的條件是要懂偏微分。

馬克士威和很多科學家不一樣的地方是他寫了《電磁學通論》，在書的最後，馬克士威談到一個名詞「electromagnetic disturbance」，disturbance是騷動的意思，他認爲這種「騷動」

會傳播出去，因此後人將這些偏微分方程式稱之爲馬克士威方程式。學習電磁學就必須先了解馬克士威方程式。

馬克士威的書約有一千頁，巨細靡遺地記錄當時科學家在電磁學和數學的成就，我曾經瀏覽馬克士威所提到科學家的數目，令我大吃一驚。他總共研究了130位左右之多的科學家。更值得注意的是，馬克士威仔細地說明每一位科學家的貢獻，如果這位科學家做了實驗，馬克士威一定會將實驗用圖畫出來。可見馬克士威不僅極爲用功，也相當有學問。

電磁波的傳輸速度到底有多快？

念電機的人大多會承認馬克士威的聰明，但我更希望大家知道他是一位眞正做學問的人。現在的科學家往往急功好利，每天急急忙忙地做實驗，希望能有令人驚異的創新。看過馬克士威的書以後，也許應該多下工夫做學問，也就是所謂的「熟讀經書」，你懂得越多，學問越好，越有可能有偉大的創新，學問不大的人很難有偉大的創新。

不論馬克士威有多聰明，要了解130位科學家的成就，總得花上不少腦力與時間。畢竟，不用功是不可能有學問的。

馬克士威書中提到的科學家次數最多的是法拉第，第二名是高斯，第三名是安培，現在的馬克士威方程式中一共有四個方程式，都是由法拉第等三位科學家提出。

馬克士威利用這些方程式，導出電磁波（應該是電磁騷動）傳輸的速度，這個速度就是 $\dfrac{1}{\sqrt{\mu_0 \varepsilon_0}}$。

其中眞空的磁導率 μ_0 出現在公式（2）中，眞空的電容率 ε_0 出現在庫侖定律中，當時大家並不知道這兩個常數，馬克士威當然也無從得知。但是馬克士威在書中提到「光也是電磁波」的觀念，因此他說 $\dfrac{1}{\sqrt{\mu_0 \varepsilon_0}}$ 一定會等於光速。

現在我們知道 $\varepsilon_0 = 8.85 \times 10^{-12}\ C^2 / N \cdot m^2$，$\mu_0 = 12.57 \times 10^{-7}\ T \cdot m / A$，各位可以去算一下，就會發現 $\dfrac{1}{\sqrt{\mu_0 \varepsilon_0}} = 3 \times 10^8\ (m/s)$。

馬克士威果眞對了，因爲 $3 \times 10^8\ (m/s)$ 就是光速。我們在家裡看電視，可以看到來自歐洲或是美洲的即時影像，遠在歐洲發生的事情，我們可以立刻知道，這都是因爲電視傳播用的是無線傳播，無線傳播用的是電磁波，而電磁波的傳輸速度又是光速，光速極快，因此電視畫面可以立刻傳播出去。

我們可以說，大自然給了我們一個最好的禮物，那就是電磁波傳播的速度是光速，這個禮物使我們現在可以知道世界上事情的瞬間變化。

馬克士威僅僅導出電磁波的理論，在他的有生之年，他沒有能夠等到電磁波的存在被證實，而是後來的赫茲證實他的理論。赫茲的實驗相當有名，使他一舉成名，也因此使得我們將一秒鐘一週期叫做一個「赫茲」。

十九世紀的人如何製造電磁波？

要介紹赫茲的實驗相當困難，其中最難的是赫茲的電磁波如何產生？如果現在請一位電機系教授製造電磁波，他一定會想到買一架訊號產生器，但是赫茲是十九世紀的人，那時候真空管都沒有發明，何來訊號產生器？

要了解赫茲的貢獻，我們必須先了解，電磁波是正弦波，像圖二十六所示，馬克士威雖然沒有看到過電磁波，但是他經由數學推導出電磁波必定是正弦波。

當然囉，正弦波會移動，圖二十七表示波在移動的狀況，請注意，這時的橫坐標是距離d。

正弦波是週期波，具有頻率，圖二十八的正弦波，它的頻率是1次／秒。所謂頻率是指一秒鐘內，波有多少個，圖二十八的週期只有一個。現在頻率的單位就是「赫茲」，一秒鐘產生一個波就是一赫茲。

赫茲產生的第一個電磁波的頻率相當之高，以現在的技術，相當不容易，他是如何做到的？這牽涉一個非常有趣而又難懂的觀念。請看圖二十九，圖中有一個方波，如果你懂所謂的傅立葉轉換，你會知道任何一個方波都是由很多正弦波組成的。

重要的是，方波越窄，所包含的正弦波就越多。

如果在一個導體的兩端產生火花放電，火花放電的時間相當

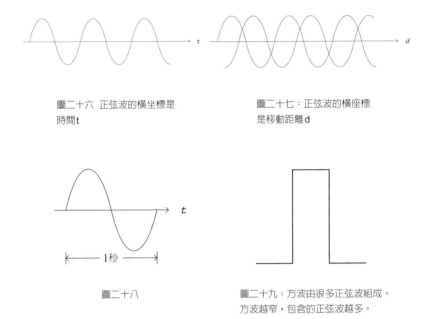

圖二十六　正弦波的橫坐標是
時間t

圖二十七：正弦波的橫座標
是移動距離d

圖二十八

圖二十九：方波由很多正弦波組成。
方波越窄，包含的正弦波越多。

短，等於一個非常短的方波。產生方波後，空氣中就會有很多很
多的正弦波。

　　可以想見的是：赫茲必須有辦法將他要的正弦波手到擒來，這
怎麼做呢？他設計一個天線，這個天線只會發射某種特定頻率的
電磁波，當然他也有能力再設計另一天線，這個天線只讓特定頻
率的電磁波通過。也就是說，赫茲設計兩種天線，發射天線和接
收天線，發射的電磁波頻率和接收的電磁波頻率是一樣的。

天線怎麼收到電磁波？

我們如何能確切知道接收天線收到電磁波呢？這又牽涉相當複雜的物理概念，也就是「全反射」的原理。全反射會產生駐波，何謂駐波（standing wave）？駐波是指在固定的範圍內傳播，力學能只能在此範圍內轉換。例如，同學們可以將一根繩子的一端固定在牆上，另一端用手抖動，就會看到如圖三十的波，這是兩端固定的繩波之駐波。

電磁波也有駐波，如圖三十一所示，駐波的一端是一塊金屬板，在這裡，電壓一定是零，電磁波當然看不見，但一旦是駐波，就可以量測了。在圖三十一中，我們可以根據電壓測到波的波長 λ，由波長可以算出波的頻率f，因為頻率f、波長 λ 和真空中的光速c之間有以下的關係：

$$f = \frac{c}{\lambda}$$

真空中的光速c是 $3 \times 10^8 \, \mathrm{m/sec}$。

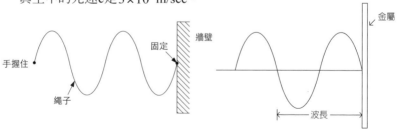

圖三十：兩端固定的繩波之駐波　　　　圖三十一：由波長 λ 和光速c可算出頻率f。

赫茲實驗的電磁波頻率是多少呢？說起來很驚人，它是545 mega Hertz，也就是 $545 \times 10^6 \, Hertz = 5.45 \times 10^8 \, Hertz$。這個電磁波在一秒鐘內變換了 5.45×10^8 次，我們可以算出波長 $\lambda = \dfrac{c}{f} = \dfrac{3 \times 10^8}{5.45 \times 10^8} = 0.55m$

我們必須佩服赫茲的學問，他起碼要具備以下的學問：

（1）他知道一個火花放電可以產生各種頻率的電磁波。

（2）他知道如何設計天線。

（3）他知道波的反射原理。

赫茲的實驗不僅證明電磁波的存在，也證明更重要的一點：電磁波的傳播速度是光速。

蠟燭與植物放在玻璃罩裡，燭光會不會熄滅？

介紹這麼多有關電學的科學家，我們當然可以問一個相當基本的問題：電子究竟是什麼東西？要回答這個問題，我們必須要懂得什麼是原子，要懂什麼是原子，我們又要懂得什麼是元素。

大家都知道水由氫和氧所組成，也就是說，你可以用一般的化學方法將水分解成氫和氧，但氫和氧就不能用一般方法再加以分解。

拉瓦節是最早對元素有貢獻的人，在他之前，也有人研究元素。比方說，英國的普利斯特里發現空氣中有氧。他的實驗很有趣，因為他發現光合作用，他將一種植物放進一個玻璃瓶，瓶子

裡面放一支蠟燭，蠟燭點了一陣子就熄滅，表示氧氣用完了。之後，他在日光下點燃這支蠟燭，為何蠟燭就不會熄滅了呢？顯示是因為植物進行光合作用而有氧氣了。

拉瓦節是法國人，他將汞（水銀）在空氣中燃燒，空氣的體積減少，而又產生礦灰，他將礦灰再度燃燒，發現所產生氣體的體積和空氣當初減少的體積相等，因此認定空氣中有氧。

普利斯特里曾經發現氫，氫可以燃燒，他又發現氫在空氣中燃燒會產生少量的水，他認為空氣中早就有水。拉瓦節更進一步的實驗，他將氫和氧燃燒以後，得到純水，以後世人知道水非元素，而是一種化合物。

元素是如何被界定的？

現在的人對元素可以下一個非常精確的定義：元素中只有一種原子。我們不僅可以精確地知道這一點，甚至可以知道所謂的原子序和原子量。古代的人怎麼界定元素呢？當然他們並不是很清楚，可是他們知道元素和化合物在性質上並不一樣，一個最顯明的性質是：化合物不太會和別的物質起激烈的反應。假如你將食鹽丟到水裡去，食鹽會溶化於水，但是你如將鈉丟入水中，會引起激烈的化學反應。如果對水加熱，它頂多汽化，但如果對氫加熱，它會燒起來，甚至「氫爆」。

新元素的發現一直在進行中，但是最近所發現的元素多數是來

自大學團隊，從1940年以後，有一半以上的元素在加州大學柏克萊分校發現，幾乎沒有個人能夠發現這些新元素。有的新元素存在的時間極短，這與放射線和原子核衰變有關。

現在我們都用原子的觀念對元素下定義，所謂元素，乃是裡面只有一種原子的東西，化合物內就含有兩種或以上的原子，如水含有氫和氧，因此水不是元素，而是化合物。對於原子，首先將這個觀念講得最清楚的人應該就是道耳吞。

同學們大概都知道道耳吞提出原子的理論，但他如何會想出這個理論呢？道耳吞發現一氧化碳的製程有一個現象，那就是碳和氧的重量比永遠是12：16=3：4，而二氧化碳，碳和氧的重量比永遠是12：32=3：8。因此道耳吞提出他的原子說，根據他的說法，一氧化碳內部有一個氧原子，和一個碳原子，二氧化碳內部有兩個氧原子，和一個碳原子，他也說碳原子和氧原子的重量比是3：4，這是正確的想法。

道耳吞當時認為原子內部不能再被分解，這並不對，因為後人發現原子內部又含有電子、質子和中子，我們以後會談到。

道耳吞學說中沒有提到分子，比方說，我們都知道水的化學式是

氫 ＋ 氧 → 水
2 ＋ 16 ＝ 18

而氫和氧重量之比一定是2：16，也就是1：8。道耳吞會以為氫

原子和氧原子的重量比是2：16=1：8，其實不然。因為我們需要兩個氫原子和一個氧原子合成水，所以我們現在所熟知的化學式如下：

氫 + 氧→水		
$H_2 + O \rightarrow H_2O$		
2	16	18

　　現在的高中生都有分子的觀念，氫分子中有兩個原子，那麼分子是什麼時候被科學家發現的呢？這要歸功於義大利的化學家亞佛加厥。在亞佛加厥之前，有一位名叫路薩卡的化學家，他知道若要合成水，則氫和氧的重量比是2：16=1：8。他開始研究這兩種氣體的體積比例，發現在製造水的時候，所需氫和氧的體積比是2：1，也就是說，假設我們用一公升的氧，我們就需要二公升的氫。

　　令人驚訝的是，用了二公升的氫和一公升的氧，所造成的水的體積是什麼呢？大家也許會以為水的體積一定是三公升，其實不然，水的體積是二公升。

　　路薩卡並無法解釋這種現象，幸好亞佛加厥提出分子理論。在1811年，亞佛加厥說氣體內的最小個體是分子。因此亞佛加厥應該是第一位提出分子觀念的人。

　　亞佛加厥更精釆的理論是：在相同溫度和壓力下，在相同的體積內，不同氣體含有相同的分子數目。

如果亞佛加厥的理論正確，那麼二公升的氫氣，其氫分子的數目應該是一公升氧分子數目的一倍，或者我們可以這樣說：要製造水，所需要的氫分子數目一定是氧分子的兩倍。這對不對呢？我們可以看看現在大家所熟知的製水方程式：

$2H_2 + O_2 \rightarrow 2H_2O$

從以上的方程式看來，亞佛加厥的理論和路薩卡的實驗結果一致，也就是說：

二個氫分子和一個氧分子合成一個水分子。

其實仍有一個不解之謎。一個氫分子裡有多少氫原子呢？直到1860年，才由義大利的坎尼札羅得到答案。他經由一連串的實驗和數學推導，最後確定一個氫分子含有兩個氫原子。由於這一段數學證明很複雜，我們就不在此介紹了。

古人如何算出原子的重量？

確立原子和分子的觀念後，科學家就因此有了原子量的想法。原子是非常小的粒子，現在我們可以很精確地知道氫原子的質量是1.67×10^{-24}公克，可以說輕到不能再輕，而氧原子也重不到哪裡去，它的質量是氫原子的16倍，所以應該是$16 \times 1.67 \times 10^{-24} = 26.72 \times 10^{-24}$公克。

古人不能如此精確地量測原子的重量，但是他們可以利用化學作用來計算原子的相對質量。以一氧化碳的合成為例：

碳 ＋ 氧 → 一氧化碳
2C ＋ O → 2CO
12g　　16g　　28g

從以上的式子，可以看出氧原子質量和碳原子質量的比是16：

12=4：3。

以下的式子就是原子量的定義：

$$某元素的原子量 = \frac{某元素原子的質量}{\frac{碳原子的質量}{12}} = \frac{某元素原子的質量}{碳原子的質量} \times 12$$

以氧為例，我們知道：

$$\frac{氧原子的質量}{碳原子的質量} = \frac{16}{12}$$

$$\therefore 氧的原子量 = \frac{16}{12} \times 12 = 16$$

其他各個元素的原子量也就可以算出來。舉例來說，我們從水

的合成知道：$\frac{氫原子質量}{氧原子質量} = \frac{1}{16}$，我們可以得到：

$$\frac{氫原子質量}{碳原子質量} = \frac{氫原子質量}{氧原子質量} \times \frac{氧原子質量}{碳原子質量} = \frac{1}{16} \times \frac{16}{12} = \frac{1}{12}$$

所以氫的原子量是 $\frac{1}{12} \times 12 = 1$。

什麼是原子序？

有了原子量，就有科學家將已知的元素排成一個表，1869年，

當時已經確定69種元素，俄國的科學家門得列夫將這些元素排成
一個表，圖三十二就是當年這位科學家的手稿：

ОПЫТЪ СИСТЕМЫ ЭЛЕМЕНТОВЪ.

ОСНОВАННОЙ НА ИХЪ АТОМНОМЪ ВѢСѢ И ХИМИЧЕСКОМЪ СХОДСТВѢ.

```
                        Ti = 50   Zr = 90   ? = 180.
                        V = 51    Nb = 94   Ta = 182.
                        Cr = 52   Mo = 96   W = 186.
                        Mn = 55   Rh = 104,4 Pt = 197,4.
                        Fe = 56   Rn = 104,4 Ir = 198.
                     Ni = Co = 59 Pl = 106,6 O = 199.
        H = 1           Cu = 63,4 Ag = 108  Hg = 200.
              Be = 9,4 Mg = 24 Zn = 65,2 Cd = 112
              B = 11   Al = 27,4 ? = 68  Ur = 116 Au = 197?
              C = 12   Si = 28  ? = 70  Sn = 118
              N = 14   P = 31  As = 75 Sb = 122  Bi = 210?
              O = 16   S = 32  Se = 79,4 Te = 128?
              F = 19   Cl = 35,6 Br = 80 I = 127
     Li = 7 Na = 23    K = 39  Rb = 85,4 Cs = 133  Tl = 204.
                       Ca = 40 Sr = 87,6 Ba = 137  Pb = 207.
                       ? = 45  Ce = 92
                     ?Er = 56  La = 94
                     ?Yt = 60  Di = 95
                     ?In = 75,6 Th = 118?
```

Д. Менделѣевъ

圖三十二：門得列夫最早針對元素排列的手稿週期表。

門得列夫的手稿週期表和我們現在熟知的週期表看來不太一
樣，一來是因為近代的科學家陸續發現好多新元素，二來現在的
週期表更強調「週期」。門得列夫的週期表看起來有些亂，其
實極有意思，我們不妨看一下鋰（Li）這一列，該列元素包含鋰
（Li）、鈉（Na）、鉀（K）、銣（Rb）、銫（Cs）、鉈（Ti）

（審注：現在的週期表則為鍅Fr），這些元素全是金屬。

同學有沒有注意到，在碲（Te）的後面加了一個問號，雖然碲（Te）的原子量比碘（I）的原子量大，卻被排到前面，關於這一點，門得列夫無法解釋，只好打了一個問號。

從這件事來看，我們可以看出這位大師的謙遜，對於他不懂的地方，他絕不掩飾，而且勇敢承認。這和現在流行的做法完全不同，我們大多數人都會用盡辦法表現自己多有學問，而不太願意表示自己不足的地方。

為什麼會發生這種現象呢？當時門得列夫的週期表是根據原子量而排列，後來人們發現原子序，按照原子序排列，碲應排在碘的前面，同學們可以去看看教科書裡的週期表，碲排在碘的前面，中間還加了一個碘。

什麼是原子序？簡單來說，原子序就是原子內部的電子數目，在門得列夫時代，電子還沒有被發現，所以現在我們要介紹電子的發現者。

老式的電視螢幕怎麼來的？

電子的發現應歸功於英國的老湯姆森。要注意，英國科學家中有兩位著名的湯姆森，他們的研究領域都與電子有關。一位在1906年得到諾貝爾獎，一位在1937年獲獎，他們其實是父子。

老湯姆森所用的儀器是一個陰極射線管，我們老式的電視就是

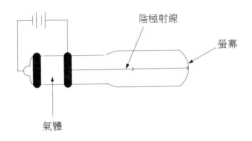

圖三十三：陰極射線管簡單示意圖

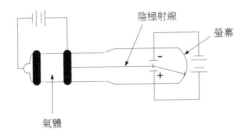

圖三十四：陰極射線自負極板射出。

利用這種射線管製作而成，如圖三十三所示。

　　如果在陰極射線管加上電壓，在螢幕上會看到亮點，可見一定有東西射出來。1897年，老湯姆森在射線管的中央加兩塊板，一塊連到正極，一塊連到負極，如圖三十四所示，結果是陰極射線往正極偏過去，因此湯姆森知道陰極射線是由帶負電的粒子所構

成的，當時他並沒有將這種粒子稱之為「電子」，是後人命名為電子。

湯姆森發現原子內有帶負電的電子，但是在正常情況下，原子並不帶電，因為原子內部還有帶正電的粒子，也就是質子。原子核內的質子數目和核外的電子數目相等，因此原子呈中性。質子是英國的拉塞福所發現，他是湯姆森的弟子。

一旦發現電子，很多謎題都會被解開。比方說，很多人都知道鹽水可以通電。伏特知道，法拉第也知道，法拉第甚至知道鹽水裡有帶正電的粒子，也有帶負電的粒子。法拉第認為這些粒子都是由於電解才產生，也就是說，通電以後的鹽水會有帶正電和負電的粒子，但是他搞不清楚為何會如此。法拉第不可能搞清楚這是怎麼一回事，因為當時電子還沒有被發現。

真正將這個事情弄清楚的人是阿瑞尼士，瑞典的化學家，他認為鹽水即使不通電也會有離子，鹽本身就沒有這種性質，純水也沒有這種性質，因此他說鹽水本身就有正離子和負離子，即使沒有電壓，這些正負離子也都存在。

為什麼會有這種正負離子呢？自從知道電子以後，我們就很容易懂，一個原子內部有相同數目的質子和電子，質子帶正電，電子帶負電，因此，正常情況下，原子不帶電，如果一個電子跑出去玩耍了，這個原子失去電子，就帶正電。

假設有兩戶人家，A家有個好動頑皮的小男孩，但他的弟兄姊妹

全是規規矩矩的人物，他在家十分無聊，B家不知何故，正缺少一個小男孩，這個小男孩就被B家吸引過去了。從此A家非常安靜，B家來了個頑童，被大家認為是個熱鬧的家庭，前者帶有正電，後者帶有負電，前者乃是正離子，後者是負離子。我這個比喻雖是搏君一笑，不過大致是這樣的概念。

以鹽為例，鹽的正常情況是結晶體，所謂結晶體，就是原子和原子之間的聯結非常嚴密，好像一個獨裁國家，人民不能在外面亂跑，因此也沒有什麼電子可以溜出去，所以鹽在正常情況之下不會導電。但是，當鹽一旦進入水中，水會破壞鹽的結晶狀態，鹽是由鈉（Na）和氯（Cl）所組成，鈉和氯在水中分開時，鈉有一個相當自由的電子，隨時想溜走，氯正好相反，它的原子結構非常歡迎外來的電子，因此在水中就有帶正電的鈉離子和帶有負電的氯離子了。

「發現」與「發明」間的謙卑差異

接著，我們要來談談X射線。我們應該知道X射線是一位德國科學家侖琴所發現的，他不僅發現X射線，還發現X射線可以穿透人的身體，因此可以用來看清楚人體內部的情形。對醫學診斷來講，實在是一大貢獻。

放射線的發現引起歐洲很多科學家的興趣，居禮夫人和他的丈夫在這一方面成就非凡，居禮夫人兩次獲得諾貝爾獎，她證明鐳

是一種元素，原子序是88。

最值得我們稱道的是：居禮夫人不僅沒有將鐳申請專利，因為她說她僅僅是「發現」了鐳，沒有「發明」鐳。但是她大可申請提煉鐳的方法專利，但她卻沒有這麼做。

居禮夫人的這種做法值得大家尊敬，居禮夫人在有生之年，不僅是個科學家，更是一位優秀的實用科學家，她的X光檢查站對很多受傷軍人提供醫療診療與照顧，如果她當年申請專利，早就成為百萬富翁。

我小的時候，老師會鼓勵我們「為全人類謀福利」，可是時代不同了，什麼事情都與金錢有關，科學研究也和金錢發生關係，各個公司都拚老命申請專利，大多數的科學家不是為人類謀福利，而是為某某大公司的股東們謀福利，年輕的讀者們不妨好好思考這個問題，在思考的時候，不要忘記居禮夫人立下的榜樣。

「能量」究竟是甚麼？

講了有關電的故事，我們現在都知道電和能量有關，我們成天說要「節能」，而「省電」又是節能非常重要的一環，麻煩的是：「能量究竟是什麼」卻是一個說不清楚的東西。理由很簡單，能量有好多種，我們知道的能量就有熱能、位能、核能、電能等，每一種能量的定義都不盡相同，比方說，1卡路里是將1公克的水的溫度昇高1度所需要的能量。1焦耳則是將 1牛頓的力作用

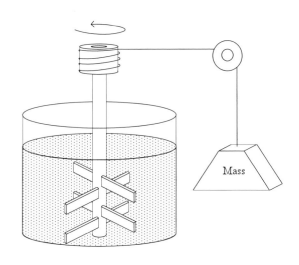

圖三十五：焦耳的「功與熱轉換」的實驗簡單示意圖

在物體上，使它在力的方向上移動1公尺所需的能量。電能則是將1安培的電流通過1歐姆的電阻所需要的能量，這又等於1焦耳。

焦耳的貢獻就是指出能量可以互相轉換，他做了一個實驗，如圖三十五所示。

如果重物往下移動，就可以使水中像螺旋槳的葉片轉動，這種旋轉會使水的溫度增加，重物往下降所消耗的是重力位能，水溫度增加，表示水中增加熱能，焦耳的實驗因此證實一件很重要的事：能量可以轉換。

我們買車常談到馬力，馬力是什麼呢？一個馬力是將300磅的東

西在1分鐘內提高100呎所需要的能量。爲什麼這叫馬力呢？這是因爲英國人用馬來運煤之故，當時沒有起重機，所以要用馬來將煤從礦場裡提起來。

爲什麼度量衡很重要？

大家一定會問，爲什麼英國人要用300磅而不用100磅？我也不知道，因爲英國人的度量衡完全是隨心所欲。比方說，1呎是如何決定的呢？這是在某年某月某日，英國鄉下的一座小教堂內，禮拜結束後，教友絡繹不絕地走出來，有一位官員量每一位教友的腳長，一共量了十三位，然後求其平均，這就是1呎的由來了。至於1碼，據說是請一位國王將他的手臂伸長，然後量他鼻尖到手指的距離，這就是1碼了。

各位同學常常只知道要背下度量衡制度，但恐怕你們都不知道1公尺的來源。1公尺是根據法國鄧克爾克到西班牙巴塞隆納的距離決定的，至於1安培的定義呢？同學們一定會用歐姆定律來下定義，我們先有1歐姆的電阻，電阻兩端加以1伏特的電壓，所通過的電流就一定是1安培的電流。

這種想法有一個邏輯上的問題，那就是1伏特的定義爲何？總不能用安培和歐姆來定義電壓吧？因爲安培本身是靠伏特和歐姆定出來的。

同學們一定要知道，度量衡是一種非常高深的學問，絕不可等

閒視之，我只好提醒各位：如果學問不夠好，是無法懂得很多物理和化學單位的定義。

熱愛自然觀察的鄉下醫生

科學雖然不一定對人類有絕對的好處，但醫藥的進步卻是絕對有益的。早前人類最害怕的病是天花，天花現在已經絕跡，這應該歸功於牛痘的發明。牛痘是世界上最早的疫苗，發明這種疫苗的是英國的金納醫生，值得一提的是，金納從未因為發明牛痘而成為百萬富翁，他終身奉獻給英國的鄉下居民。

我們在電視裡可以看到所謂的鄉下醫生，這種醫生會出診，如果你生了病，他會提著一個又大又黑的皮包來看病。因為醫生有學問，所以他也是當地最受人尊敬和信任的人，現在英國的鄉下醫生依然出診，但是絕大多數國家的醫生都只在醫院和診所看病，很少出診。

如果我們看福爾摩斯小說，裡面常常有所謂自然愛好者出現，這種人往往住在鄉下，成天出去觀察自然，金納醫生也是如此。他曾發現杜鵑鳥會偷偷地將推下別的鳥巢中的蛋，然後在這個巢中下一個自己的蛋，根據金納的觀察，一個杜鵑鳥可以在五十個巢中下蛋。這個推蛋出巢以及下蛋入他巢的時間必須極短，通常在十秒鐘可以完成，真是神奇。

有一位劍橋大學教授做了杜鵑鳥的布偶，偷偷地放在一個鳥巢

旁，鳥巢主人回來以後，立刻將杜鵑鳥布偶推下樹去；他也將一顆假的杜鵑鳥蛋偷偷放進一個鳥巢中，這顆假鳥蛋和其他蛋稍微不一樣，鳥巢主人回來以後，立刻將這顆假蛋推下巢去，可見得鳥類顯然知道杜鵑鳥是很不好的，必須對牠們加以抵抗。

杜鵑鳥又名布穀鳥，也是西方人時鐘內出來報時的鳥，很多人對布穀鳥很不以為然，認為牠們的行徑不正大光明，而且幾乎在做謀殺的行為。其實我們人類不也做這種事嗎？地球上好多生物的生活領域都被我們摧毀了，我們自己做這種事，實在沒資格指責布穀鳥。

金納當初做牛痘實驗的時候，他找了一個小男孩接種牛痘，非常危險。當時英國一定沒有管制新藥上市，現在的管制就非常嚴格，新藥上市前，要做人體實驗，必須重重把關，就連動物實驗都不能輕易做。

疫苗是「以毒攻毒」？

牛痘是人類得到的第一個疫苗，也符合所謂「以毒攻毒」的說法，英國很多偵探小說都是根據這個說法寫出來的，甲和乙一同吃飯，吃的食物完全一樣，甲中毒而死，乙卻沒事，什麼原因呢？乙事先吃了少量的毒，這少量的毒當然對他有害，但卻使他不致中毒而死。牛痘就是少量的毒，可是卻可以使你有防疫的能力。牛痘的發明在1796年，到了今天，很多疫苗都被發現，以下

是幾個大家熟知的疫苗發現的年代。

年代	疫苗
1879年	霍亂疫苗
1885年	狂犬病疫苗
1896年	傷寒疫苗
1921年	肺結核病疫苗
1924年	猩紅熱疫苗
1945年	感冒疫苗
1952年	小兒麻痺疫苗
1963年	痲疹疫苗
1967年	腮腺炎疫苗
1974年	水痘疫苗
1981年	B型肝炎疫苗
1992年	A型肝炎疫苗

　　大家都知道天花已經絕跡，但天花病毒仍有保存，一部分放在莫斯科，一部分放在美國，科學家幾次開會討論是否要徹底毀滅天花病毒，最後的結論永遠是要保存。各位如果知道這件事，恐怕會被嚇得半死，如果我是好萊塢製片，一定會根據這個題材拍一部電影，說有恐怖分子想攻擊這兩個地方來奪取天花病毒，相

信會賣座的。

在過去，肺結核不知奪走多少人的性命，現在這種病也已經不存在。小兒麻痺症使好多人四肢不健全，現在這種病也已經幾乎絕跡了。我們真該感謝金納醫生當年的貢獻。

為什麼肉放久了會壞掉？

我們現在有很好的衛生習慣，例如常洗手；醫院也非常乾淨，這些都是基於一個簡單的常識：不要碰到病菌。大家不要以為這沒有什麼了不起，古人對這一點並不清楚。我們有「物腐而蟲生」的說法，這種說法的含義是食物腐敗了，然後就會生出蟲來。比方說，你將一塊肉放久了，肉就壞了，而且還會長蛆。

在1618年，義大利的萊迪做了一個實驗，他煮了一鍋湯，分裝成三碗，一碗湯沒有蓋子，可以接觸到灰塵，一碗蓋了紗網，一碗完全密封，結果是密封的沒有變壞。

1854年，英國倫敦有霍亂流行，當時有一位叫做史諾的醫生開始研究這件事，他發現霍亂多的地方，水質都很髒，這也顯示一件事：我們的病是因為細菌所引起。

巴斯德對這一點最有貢獻，他提倡高溫殺菌的方法，也力促所有的醫院必須注意衛生。由於巴斯德對醫學的卓越貢獻，法國人因此成立巴斯德研究所，從1908年至今，這裡產生十位諾貝爾獎得主。也許有人記得愛滋病曾使世人大為驚慌，最後也是巴斯德

研究所的研究員找到愛滋病毒HIV。巴斯德研究所現在成員有2200
位，其中660位全職，其餘是訪問學者，而這些訪問學者來自全世
界70多個國家。

巴斯德的名言是「機會永遠在等那些已準備好的人」。所謂準
備好，應該是有學問，而且具有非常好的觀察力。在他的時代，
蠶常常死掉，對農人來說，是場惡夢。巴斯德注意到有些產卵的
蛾已經有病，他告訴農人如何找出這種生病的蛾，將牠們所產的
卵也一概丟掉，如此一來，剩下的全是健康的蠶寶寶了。他的做
法使農人大為高興，事後我們也許覺得這件事很簡單，但是如果
不知道如何診斷蛾有沒有病，也就無法解決當時的問題。

會問問題比知道答案更重要

介紹這麼多的科學家，我在這裡提出幾個建議，和大家共同勉
勵。我們一定要有好奇心，要多多發問。身為老師的人尤其應該
記得一句名言「要評估一個人的才能，不能看他的回答，而要看
他的問題」。我們同學成天默默地在上課時用心聽講，可是從來
不發問，顯示同學們根本沒有了解老師在說什麼。同學們好像認
為，反正把老師講的背起來就算是有學問了，這是絕對錯誤的。
我們學到任何的東西，都應該好好地想想，這個學問有那些令我
們困惑的部分，這個習慣一定要先養成。

我也建議各位同學要具備學問，不要急於成名。坦白講，我們

有時候的確忽略這一點。大家都說我們該有創新的能力，可是我提醒各位，沒有學問是無法創新的。對科學而言，創新絕對建築在學問之上，沒有學問，免談創新。很多同學急急忙忙想出名，而沒有用功，這是非常可惜的事。

同學們絕對不能裝懂，因為不懂是正常的事，不懂才會進步。很多人不懂裝懂，當然也就不敢問，其結果就是一直都不懂。反過來說，如果我們不懂，立刻問人，當然學問就越來越好了。

講一個我自己的故事。我一直搞不清楚為什麼我設計出來的線路，不能產生非常方的方波，可是我勇於發問，我問一些工程師，他們就告訴我如何做。假如我自以為是大學教授，豈能四處問人，我恐怕到現在仍然設計不出好的線路。

我也勸各位同學不要成天想賺錢，如果研究科學完全是為了賺錢，最後的結果是，大家不研究最基本的科學，而會熱中於所謂的應用科學。然而，對人類最有貢獻的人，往往是研究基礎科學的人。很多數學家在研究數學的時候，不知道這個數學有多大用處，可是事後大家發現他們當初所做的基礎研究，對人類有非常重要的實用價值。在拿破崙時代，有一位數學家，叫做傅立葉，我們都知道所謂的「傅立葉轉換」，傅立葉轉換的應用非常廣，可是當年傅立葉並不知道他的理論將有這麼大的貢獻。

最近有一家半導體設備公司要解決一個光學問題，他們到處找人，全世界都沒有能夠解決這一個問題的人。最後他們在俄羅斯

的一所大學裡找到兩位做基礎光學研究的人，這兩位教授輕而易
舉地解決他們的問題。我們人類仍然非常需要這種能夠做基礎研
究而不管應用的人。

　　同學們一定要知道，成為偉大的科學家是偶發事件，這些名
垂千古的科學家絕對頂尖聰明，也不是靠努力就一定能夠追上他
們。假使我們成天想跟牛頓、馬克士威、伏特等這些人相比，可
能會大失所望，甚至得了憂鬱症。做科學研究應該是一件有趣又
有意義的事情，至於能否有偉大的成就，就聽其自然吧。

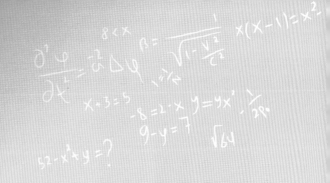

科學家的故事

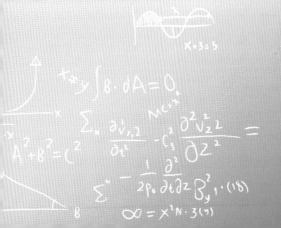

從一顆蘋果證明
宇宙的力量

牛頓
Isaac Newton
1643～1727

李伯伯這麼說

　　牛頓常說他是站在巨人的肩膀上看世界，所以他可以看得非常遠。他的意思是，他並非很聰明，而是因為自己知道很多過去科學家的成就，所以才可以有如此成就。的確，牛頓的成就是很多過去科學家的研究心血累積而成的，不只牛頓的情形是如此，幾乎每一位科學家的成就，都與過往科學家的成就有關。

＊＊＊

　　牛頓是本書介紹的第一位科學家，之所以選擇牛頓來開場，除了因為牛頓是這本書二十二位人物裡頭最早出生的一位之外，也是人類科學史上最有影響力的人，幾乎沒有任何一位科學家的貢獻，可以與牛頓相提並論！

　　在牛頓之前，並非沒有科學家，伽利略、哥白尼和克卜勒都算是牛頓之前的頂尖科學家，只是牛頓之前的科學發非常緩慢，且時斷時續，只有少數天才可以在科學領域脫穎而出。

不過，這種不利於科學發展的現象，在牛頓出現之後，立即改觀。因爲牛頓提出足以體現自然界共通法則的一般性定理，讓以後的科學家可以使用牛頓的一般性定理來做出更準確的預測，解決各式各樣的實際問題，科學發展自然變得迅速許多，科學理論與應用從此搖身一變，成爲推動人類歷史的主要動力。

接下來，要跟大家說說牛頓的故事，以及其他二十一位科學家與發明家的故事。

1643年1月4日，牛頓出生於英格蘭林肯郡鄉下的一個小村落，在牛頓誕生一週前，知名科學家伽利略才剛剛離開人世，彷彿預示著科學大師的薪火相傳。

牛頓是遺腹子，也是早產兒。他的父親在他出生的三個月前就撒手人寰。爲了紀念亡夫，牛頓的母親幫他取了一個跟父親同名同姓的名字。

由於牛頓體型瘦小、不易照顧，母親又在他三歲時改嫁，所以牛頓由外祖母負責照顧，這件事情使得牛頓對母親與繼父都具有極深的敵意，他甚至還曾經揚言要殺人放火。這種有仇必報的性格造成牛頓一生個性孤僻、人際關係不佳。

牛頓在十二歲的時候才上學，他在國王中學念了五年書，不過在學校並沒學到多少數學，也完全沒有學到科學。由於母親再度守寡，所以極力鼓吹牛頓返鄉務農，使得牛頓被迫休學。不過，在國王中學的校長斯托克斯的說服下，牛頓不久後重返學校，並

且完成了堪稱完美的畢業報告，獲得進入劍橋大學三一學院繼續深造的機會。

在劍橋大學就讀的時候，由於三一學院主修亞里斯多德的學說，但是這並非牛頓的興趣，伽利略、哥白尼和克卜勒等天文學家的先進思想才是牛頓的最愛。其實在大學時代，牛頓表現並未特別傑出，不過在畢業前夕（1665年），他提出廣義二項式定理，並開展一套嶄新的數學理論，這套理論就是世人所熟知的微積分學，這是數學史上最大的突破。

當牛頓順利從劍橋大學畢業時，倫敦正好爆發大瘟疫，牛頓因此不敢再待在倫敦，跑回鄉下窩了兩年。在這兩年裡，牛頓在家中研究出微積分學、光學和萬有引力定律。

那是1666年，當二十三歲的牛頓在花園裡沉思散步時，他突然想到了重力的問題，思索著為何蘋果落下的時候總是永遠朝向地球中心垂直落下？而不是斜著落下或是往上飄呢？於是他思索到萬有引力的問題。

儘管大部分的人對牛頓與蘋果樹的故事耳熟能詳，不過我們往往搞錯這個故事的因果關係。法國哲學家伏爾泰為這個故事下了最好的註解：「牛頓並非看到蘋果而想到萬有引力。事實上，是牛頓想到了萬有引力的問題，接著就正好看見一顆蘋果從蘋果樹掉下來。」伏爾泰如是說。

牛頓第一項偉大成就就是發明微積分，這可能是數學史上最大

發現。儘管牛頓的確是最早發明微積分的人，但是當時卻鬧了雙胞案，因為遠在德國也有一位科學家萊布尼茨隨後也提出了微積分。

萊布尼茨是歷史上少見的通才型科學家，雖然主業是律師，但是在三百多年前，他已經開始在研究中華文化的周易八卦，大家都稱他為「十七世紀的亞里斯多德」。萊布尼茨的微積分是從幾何問題出發、嚴密性與系統性遠遠超過牛頓，而且萊布尼茨也發明了微積分所使用的數學符號，對於二進制的發展也有卓越貢獻。

牛頓的微積分則從物理學出發，在應用上結合運動學，整體造詣遠遠高於萊布尼茨。如果牛頓與萊布尼茨願意攜手合作，那麼一定是科學史上的一大佳話。可惜牛頓只願意幫萊布尼茨的書寫一段結語，然後就開始指控萊布尼茨剽竊他的研究結果。想當然爾，萊布尼茨豈能示弱，他也指控牛頓是個騙子。於是這場微積分學大論戰便吵了幾十年，直到萊布尼茨過世後，才得以告終。

不過，當時整個歐洲大陸一致採用萊布尼茨的微積分，只有英國堅持使用牛頓的微積分。直到牛頓過世將近一百年後，英國才終於接受萊布尼茨的版本。

牛頓第二項偉大成就是萬有引力定律，這時牛頓才二十四歲，但牛頓當時並未正式發表，他把想法擱在心裡長達二十一年，最後在牛頓唯一沒翻臉過的科學家好友哈雷的鼓勵之下，牛頓才勉

為其難地決定發表。

1687年7月，四十五歲的牛頓正式發表《自然哲學的數學原理》，不過大家或許不知道，牛頓這本驚世巨著並非用英文撰寫，而是用拉丁文撰寫，英文版是牛頓過世後的兩年才上市。

《自然哲學的數學原理》是人類科學史上最偉大的科學著作，開宗明義地闡述牛頓最經典的力學基本運動三定律，接著再以嚴謹的邏輯演繹出這些定律所帶來的結果，不但可以將定律應用在天文學上，而且還可以預測月球與太陽系其他行星的動向，甚至計算星球的內部結構。

這本書讓牛頓成為科學界的一代宗師，但是由於牛頓始終與萊布尼茨鬧彆扭，所以這本書鮮少使用微積分，這是非常可惜的事情。再者，《自然哲學的數學原理》後來也鬧出雙胞案，因為英國科學家虎克，聲稱自己才是最先發現牛頓書裡有關萬有引力的「平方反比定律」。

雖然現在知道虎克的人並不多，但他也非一位簡單的角色，當時人們稱虎克為「倫敦的達文西」，因為他設計並製造真空泵、望遠鏡與顯微鏡，而且「細胞」一詞也是由虎克所創造，並且沿用至今。在學術的表現上，虎克也不遑多讓，他提出力學彈性理論中的基本定律「虎克定律」，以及跟牛頓爭吵了一輩子的「平方反比定律」。

其實，虎克和牛頓老早在1672年就已經彼此看不順眼，因為牛

頓發現白光其實是虹彩中的七種顏色所混合，同時也設計出世界第一台反射望遠鏡，對於後世的光學有極大的貢獻。不過牛頓始終認為光是一種微粒，而虎克卻認為光是一種波動，於是兩人吵得不可開交。但是牛頓的名氣實在太大，導致他的微粒說始終是科學界的主流思想，直到法國科學家菲涅耳在一百年後證實光是一種波動，才還給虎克一個公道。

　　牛頓與虎克就這麼吵了三十一年，直到虎克去世後，牛頓才願意出版跟光學有關的書。後來牛頓當上了英國皇家學會的會長，試圖燒毀虎克遺留下來的所有手稿，但是遭到其他同僚的阻止。儘管如此，牛頓還是利用現任會長的職權，取下懸掛在英國皇家學會的虎克肖像，導致後人一直都不知道虎克的真面目。

　　牛頓一輩子都在跟別人爭吵，所以終身未婚。而且除了哈雷之外，牛頓幾乎沒有任何朋友。在牛頓七十七歲的時候，他決定不再當科學家，改行投資，大舉買入南海公司的股票。沒想到，在短短八個月之內，股價居然漲了八倍，讓牛頓喜不自勝。

　　之後牛頓便瘋狂加碼，把所有資產全部投入南海公司的股票，但是不久後，南海公司的股價卻崩盤了，一夕之間牛頓一貧如洗，最後感嘆地說：「我能計算出天體的運行軌跡，卻無法預料到人們會如此瘋狂！」

　　在人生最後的七年，牛頓過著窮困潦倒的生活，而且行為舉止非常詭異，比年輕時候更難相處，導致晚年相當寂寞。在1727年3

月31日，牛頓於倫敦過世，沒有留下遺囑，也沒有任何遺產，只留下五十多萬字的煉金術手稿。

牛頓過世後，醫生在他的體內發現大量水銀，證實牛頓是汞中毒，也解釋爲何他晚年行徑如此詭異。此外，人們也相信牛頓一直研究煉金。雖然牛頓是科學史上最有影響力的人，他與英國哲學家洛克是啓蒙運動的先驅，但是牛頓卻相信在萬有引力之外，宇宙還有一種更強大的力量，而煉金術正可以彰顯上帝「點石成金」的萬能。

星空是最華麗的遊樂場

哈雷
Edmond Halley
1656～1742

李伯伯這麼說

我們常以為天文學家只要成天「夜觀天象」就可以了。其實不然，因為哈雷能夠準確地預測哈雷彗星對地球的週期，相當不容易。哈雷並不是只會夜觀天象，他根本就是一個數學家，才能精準地算出哈雷彗星的週期是75到76年。

****

哈雷是一位非常特別的科學家，他擁有其他科學家所欠缺的絕佳口才，而且從事的科學研究領域幾乎只能用「無遠弗屆」來形容，最重要的是：沒有哈雷，就沒有牛頓。但是哈雷卻比牛頓小了十四歲，究竟是什麼樣機緣創造哈雷的傳奇故事呢？我們趕快來看看。

哈雷出生於1656年倫敦近郊的哈格斯頓，母親在哈雷年幼時過世，於是哈雷的父親便身兼母職，不遺餘力地栽培哈雷。

哈雷的父親是一位肥皂商人，在當時的英國，這是一個非常賺

錢的熱門行業。因此，天賦甚佳的哈雷不但從小有家庭老師，父親也願意為他砸下重金購買昂貴儀器，並資助他的研究計畫。哈雷在十七歲進入牛津大學皇后學院就讀前，已經是頗有名氣的小小天文學家。

1675年，英國皇家天文台在格林威治正式成立，首任台長是當時英國最有名的天文學家福蘭斯迪，他特地到牛津大學挑選助手。而年僅十九歲、正在念大學二年級的哈雷雀屏中選，成為福蘭斯迪的助手，負責繪製北半球星圖。他萬萬沒想到福蘭斯迪是他這輩子最重要的貴人，同時也是一輩子都糾葛不清的冤家。

順利獲得英國皇家天文台的工作之後，哈雷立即辦理休學，前往英國最南端的殖民地聖赫倫那島進行天文觀測。他在島上待了十八個月，一共繪製了341張南半球恆星的星圖。當年僅二十二歲的哈雷帶著豐碩研究成果回到英國時，英國國王查理二世簡直喜出望外，不但讓他直接拿到牛津大學的學位，還保送他成為英國皇家學會有史以來最年輕的院士。

眼見英王龍心大悅，這時哈雷的老闆福蘭斯迪只好心不甘情不願地給了哈雷一個非常響亮的外號：「南天第谷」（Our Southern Tycho），這個外號讓哈雷的聲勢如日中天，卻也使得兩人之間的嫌隙更加擴大。

為了讓讀者更明瞭「南天第谷」這個外號的其中奧妙，我們必須介紹一下第谷。第谷是一名丹麥的天文學家，他曾經用肉眼精

確測量了北天777顆恆星位置而聲名大噪，第谷的助手克卜勒也是日後赫赫有名，以「星空立法者」著稱的知名科學家。

第谷對於克卜勒的提攜，一直是科學史上的佳話，如果福蘭斯迪也願意如法炮製，那麼他與哈雷的師徒關係勢必也可流傳千古。可惜，福蘭斯迪與哈雷的關係始終水火不容，哈雷活潑好動、口才便給，而福蘭斯迪的個性與口才正好跟哈雷完全相反。

在福蘭斯迪的眼裡，哈雷是一個沒真本事，只會說笑話、攀附關係的大草包，雖然他勉為其難地尊稱哈雷為「南天第谷」，但是他為了凸顯自己比哈雷更勝一籌，直接自稱為「第谷」。反之，哈雷也認為福蘭斯迪是一位嫉妒心強、喜歡欺負後生晚輩的老頑固，根本稱不上恩師。由於兩人關係始終無法改善，福蘭斯迪便開始變本加厲地大肆誹謗哈雷，讓兩人至死都是針鋒相對的冤家。

由於哈雷善於溝通，擁有其他科學家少見的好口才，所以他從二十三歲開始，便成為英國皇家學會的「專業調解員」。他曾經調停過幾樁科學史上重要紛爭，例如：虎克與赫夫留斯之爭、牛頓和虎克之爭、牛頓和萊布尼茨之爭。年紀比哈雷大了整整四十五歲的知名天文學家赫夫留斯，都曾經公開誇讚哈雷的溝通能力。

1680年，在哈雷二十四歲的時候，他在法國旅遊途中，看到了有史以來最亮的一顆彗星，這讓他的內心波濤洶湧，於是下定決

心要好好研究彗星，不過他卻遇上一個大難題。

如果根據克卜勒第三行星運動定律的推論：太陽對行星的引力應該與距離的平方成反比。但是這種引力是否能符合克卜勒第一行星運動定律所描述的「行星的軌道近似橢圓形」？哈雷請教很多學者，卻始終找不到答案。

輾轉過了四年，哈雷與孤僻成性、到處跟人發生衝突的牛頓居然成為好朋友，這時才赫然發現牛頓其實老早在二十年前就已經知道解答，而且背後還有一連串的定律來支持，於是大感佩服的哈雷就慫恿牛頓寫一本書，把這些非凡的大發現公諸於世。

由於牛頓不小心被哈雷說服了，只好勉為其難地在家裡窩了整整兩年，足不出戶地寫書。再者，因為哈雷也承諾要幫牛頓出書，所以就算當時面臨極為嚴重的財務危機，守信的哈雷依舊硬著頭皮，一手包辦所有的出版事宜。

當牛頓這本《自然哲學的數學原理》正式問世後，哈雷再度展現其溝通長才，用深入淺出的方式跟大眾解釋牛頓學說之奧妙之處，同時為了讓這本書更具分量，哈雷也寫信給當時的英國國王，讓他相信這本書與英國的經濟與軍事息息相關，非得重視這本書才行！

牛頓與哈雷的合作是科學史最讓人津津樂道的一段佳話。如果沒有哈雷的鼓勵，牛頓也許永遠也不會公布他的發現，人類的科學進展或許將會延緩兩百年以上。至於哈雷，也因為獲得牛頓的

指點，他在1705年提出彗星回歸的預言，雖然哈雷並沒能活到自己預言成真的那天，但是這顆彗星卻在哈雷預言的時間準時出現，而那天剛好是牛頓的冥誕，從此哈雷便名垂千古，這顆被預言成真的彗星從此便以「哈雷彗星」來命名。

哈雷一輩子多采多姿、活力充沛，他除了是「彗星男」（The Comet Man）之外，也被尊稱為「潮汐王子」（Prince of Tides）與「地球物理學之父」（Father of Geophysics）。他繪製了世界第一張磁偏角地圖以及世界第一張氣象圖、創造了等值線（又稱為哈雷之線）、改善了六分儀、首次完整觀測水星凌日、發明了潛水鐘、統計出人口死亡率，並且解釋了磁極漂移、潮汐現象、完整觀測月亮的運行週期，甚至還發明了魚類保鮮的好方法。

至於哈雷與牛頓的友誼則維持了很久很久，哈雷大概是牛頓一輩子唯一沒有翻臉的科學家朋友，不過他們兩人卻在晚年聯袂幹了一件非常不光彩的事情。因為哈雷與福蘭斯迪的宿怨，讓他失心瘋地把福蘭斯迪花了四十年才完成的天文觀測資料，偷偷出版上市，而且還在序文把福蘭斯迪好好數落了一番。

表面上，哈雷似乎出了一股長達四十年的怨氣，但這件事情卻破壞了哈雷長久以來建立的好名聲，而且還後患無窮。因為在福蘭斯迪過世後，哈雷接任英國皇家天文台的台長，但是福蘭斯迪的遺孀為了向哈雷表達抗議，居然把天文台所有儀器全部賣光光（因為這些多半是福蘭斯迪生前自費購買的儀器），讓哈雷成為

一個沒有任何儀器可用的空殼天文台台長。

　哈雷的身體非常硬朗，原本還能挑戰英國最長壽的科學家紀錄，不過當他的老婆與兒子紛紛離開人世後，哈雷的旺盛生命力也開始消卻。最後哈雷於1742年過世，享年86歲。

閃電從此與上帝分了家

富蘭克林
Benjamin Franklin
1706～1790

李伯伯這麼說

富蘭克林對科學好於發問，然而他並非一位專職的科學家，這種人在歷史上幾乎絕無僅有。他曾寫了一本書，書名為《往富有之路》，但其實是告訴我們要辛勤工作，其中的名言有：「沒有痛苦，就沒有進步」「一個今天等於兩個明天」「大師的眼睛比他的雙手還重要」「早睡早起使人健康、富有，以及充滿智慧」。

****

富蘭克林是十八世紀，地球上最多采多姿的一個人，除了是知名政治家、外交家，以及作家，他也同時具備科學家與發明家的身分。不過本書主要介紹科學家，所以我們只討論富蘭克林的科學家身分。

富蘭克林出生於1706年的波士頓，當時的波士頓是英國北美殖民地的重要貿易港口。富蘭克林的父親是一位多才多藝、身體

強健的人，在繪畫、音樂、機械方面都極具天分，儘管他的賺錢能力不錯，卻生了太多小孩，導致他無力負擔所有孩子的上學費用，所以富蘭克林的兄弟姊妹們只能上學到十歲，十歲之後就必須學習一技之長，養活自己。

雖然富蘭克林是家裡排行第十七的老么，卻沒有獲得特別待遇，他依舊只能念書念到十歲，接下來就要跟父親學習製作肥皂與油燭來分擔家計。在富蘭克林十二歲的那年，因為哥哥從英國引入了印刷機，所以改跟哥哥學起印刷術，辦起了報紙。

這時的富蘭克林發現自己文筆甚差，不但詞彙貧乏，且亂無章法，幾乎沒人看懂他寫的文章。這個挫敗讓富蘭克林下定決心要把文章寫好！於是，他開始大量閱讀，模仿書本上的寫作風格，先將文章的大綱牢記在腦中，然後再用自己的語法重新詮釋。

富蘭克林就這麼讀讀寫寫了四年之久，以至於他的寫作與表達能力突飛猛進，所以他在十六歲就開始匿名投稿至哥哥詹姆士的《新英格蘭日報》。大家一開始還猜不到稿子的作者是哪位學富五車的知名人士。

不過富蘭克林和哥哥的關係始終不好，兩人不但經常吵架，還經常拳打腳踢，最後兄弟兩人就翻臉了，於是十七歲的富蘭克林就離家出走，去外地闖蕩自己的事業。

富蘭克林在費城找到一份印刷工作，憑著優異技術和認真態度，漸漸受到老闆的重用，而且也認識不少正直的好學之士，彼

此討論文章、詩歌、人生哲理。之後一年，富蘭克林又輾轉跑去了英國，原先以為在英國可以實現創業大夢，結果事與願違，他並未在英國創業成功，但是卻因為排字速度最快，所以讓他賺了不少工資。再者，因為富蘭克林在英國的印刷廠同事多半是酒鬼，反倒讓他養成節制飲食的好習慣。他不但一輩子滴酒不沾，最後還成為終身的素食主義者。

重返費城的富蘭克林很快就成立了自己的印刷公司，出版報紙，並發表自己的文章。之後又出版了一本箴言書，讓他成為名聞遐邇的創業家。此外，他還成立北美洲第一家公共圖書館、第一個志願消防隊。三十七歲那年，富蘭克林甚至還籌備了一所學院，而這所學院就是賓州大學的前身。

1746年，富蘭克林四十歲，因為從法國皇家科學院的學報上獲得「萊頓瓶」的實驗訊息，於是他搖身一變，成為科學家。

先來解釋一下何謂「萊頓瓶」。萊頓瓶是人類最早的電容器，它是荷蘭普魯士教堂副主教克拉斯特無意中的大發現，後來被荷蘭萊頓大學的馬森布魯克教授加以改良，並且發表在法國皇家科學院的學報上，驚動全世界。

富蘭克林對於萊頓瓶很有興趣，他認為雷電與摩擦起電的性質相同。為了專心研究電學，他在1748年退出了印刷業。由於富蘭克林仍具股東身分，所以每年還是從印刷業分到頗為可觀的利潤，這讓他有充裕的金錢進行電學實驗。

富蘭克林在1749年已經研究出萊頓瓶儲存電量的原理，他確定萊頓瓶的全部電荷是由玻璃瓶儲存。之後，他又發現電荷分為正、負兩種，而且兩者的數量守恆。富蘭克林是世界上最早進行電學試驗的人，也是電學史上第一位正確解釋電荷性質的科學家。

1752年7月，四十六歲的富蘭克林帶著兒子威廉在雷雨交加時，進行一場驚天動地的實驗。他用絲綢做成風箏，風箏上繫著一根細金屬線和一根絲帶，在風箏飛上天際後，閃電就會通過金屬線傳到鑰匙上，而這鑰匙可以使萊頓瓶充滿電。

當閃電擊中風箏後，富蘭克林父子兩人看到繩上纖維豎起，富蘭克林忍不住伸手摸鑰匙，這時他的指尖出現火花，讓他左半身麻了一下，他興奮地告訴兒子：「這就是電！」

老實說，富蘭克林真的非常幸運。因為當時進行類似實驗的科學家並不在少數，只不過每個人都被電殛身亡。富蘭克林是唯一活著跟大家宣布大發現，還經由實驗「順便」發明了避雷針。

被閃電劈到，卻又大難不死的富蘭克林馬上寫了一篇論文《論閃電和電氣的相同》，寄給英國皇家學會，但是沒人理他。不過，卻引起法國科學家的好奇，並且在巴黎成功地複製富蘭克林的實驗，讓他的電學實驗開始獲得注意。

後來法王路易十五邀請富蘭克林當場實驗，更讓他聲名大噪。於是，歐洲科學界紛紛承認富蘭克林的成果，最後連英國皇家學

會也頒發柯普利金質獎章給富蘭克林，並讓他成為院士。

因為富蘭克林提出電學史上一項重要假說：「電是一種以一定比例存在於物質中的要素。電可以從一個物體轉移到另一個物體上，在任一絕緣體中，總電量不會變化。」這個假說就是近代電學中的「電荷守恆定律」。富蘭克林還用數學的正負概念說明兩種電荷的性質，間接開啟電學研究的時代，從此歐美很多科學家的研究方向便轉向「電」。

除了電學之外，富蘭克林還發表過許多與光學、熱學、動力學有關的著作，他對植物學、數學、化學也有貢獻，他甚至還研究過海洋灣流，研究灣流對氣候的影響。富蘭克林同時是一位非常卓越的發明家，他發明可以提升燃燒效率，節省柴火的「富蘭克林火爐」。他也因為自己的老花眼，而發明了老花眼鏡。為了舒緩罹患腎結石的哥哥約翰的痛苦，富蘭克林也發明「尿導管」。在擔任郵政總長的時候，他甚至還發明了里程表。

富蘭克林在1790年4月17日，因為肌膜炎而去世。他在晚年參與了美國獨立宣言和美國憲法的起草工作，並且為獨立戰爭的最後勝利作出重大貢獻，故被稱為「美國聖人」。富蘭克林並不是天才，他的種種事蹟也能看出隨緣的影子。但是隨緣並不代表隨便，自律甚嚴的富蘭克林對於每一件事情的處理效率與時間運用，都有值得我們效法的哲學。

富蘭克林曾經說：「如果你熱愛生命，就請別浪費，因為時間

是組成生命的材料。」由此可知，富蘭克林的成功是來自不間斷的努力。因為他，人類才有機會把上帝和雷電分了家，從此雷電再也不是上帝之火。

用一根毛髮扭轉世界

庫侖
Charles Augustin de Coulomb
1736～1806

李伯伯這麼說

如果我們查閱歷史文獻，庫侖並沒有寫下現在大家知道的庫侖
定律公式。他僅僅表示，兩者之間之力和成正比，而與成反比。
庫侖當時並沒有算出真空中的電容率，也沒有提到如何能測量和
電荷量。但庫侖的研究奠定電學的基礎，電磁學的電場就是根據
庫侖定律而定義。電機系學生是避不開庫侖定律的。

✱✱✱

　　庫侖在1736年9月14日出生於法國南方昂古萊姆城的富裕家庭，
他的父親是一位皇家審查員，母親則是羊毛貿易商，庫侖在很小
的時候就搬到巴黎居住，長大之後順理成章地就讀巴黎著名的德
世嘉大學。在校期間，因為恩師皮埃爾查爾斯，讓他愛上數學。
可惜他根本沒有機會學以致用，因為大學畢業之後，庫侖就立即
投入父親的家族事業。

　　在家族工作兩年後，庫侖感到厭煩，想要投筆從戎。父親同意

後，庫侖考上梅濟耶爾軍事學院，畢業之後便投身軍旅，成爲軍事工程師，奉命前往加勒比海上的馬提尼克島建造波旁堡壘。不過，當時正值英法爲爭奪殖民地霸權的七年戰爭，庫侖在馬提尼克島上被強制與外界隔絕九年之久。

在這九年間，庫侖研究工程力學和靜力學，從事摩擦力和扭力方面的實驗。不過，這時庫侖不幸罹患熱帶疾病，被迫退役，回到法國。因禍得福，反而讓他有了閑暇的時間可以進行科學研究。

1776 年，庫侖參加法國科學院召開的會議。在會議中，他展示自己設計的新指南針，解決航海設備的問題，也對磁力有更深入的研究。隔年，他藉由毛髮和金屬絲扭轉彈性的實驗，發明一種可以用來測量弱力的扭秤，後人將其稱爲「庫侖秤」，從此庫侖的科學生涯從工程學轉向電與磁的研究。

1780年，當英國物理學家卡文迪西用實驗「間接」證明電荷間的定律遵守平方反比定律時，引起庫侖的好奇，他決定用實驗來「直接」證明，於是他繼續投入研究，從1784年開始陸續發表七篇論文，介紹他發現的扭轉力與線材直徑、長度、扭轉角度，以及與線材物理特性有關的常數之間的關係，最後在1785年成功設計出更精確的扭秤，用扭秤實驗直接證明了同號電荷的斥力遵從平方反比律，用振盪法來證明異號電荷的吸引力也遵從平方反比定律，闡明眞空中兩個靜止點電荷之間的交互作用力與距離平方

成反比，與電量乘積成正比，作用力的方向在它們的連線上，同號電荷相斥，異號電荷相吸。

「平方反比定律」是電學發展史上的第一個定量規律，也是電學史中的重大里程碑，從此電學的研究便從定性進入定量階段，而後人爲了紀念庫侖的卓越貢獻，將此定律稱爲「庫侖定律」。

庫侖的一系列著作豐富了電學與磁學研究的測量方法，並將牛頓的力學原理擴展到電學與磁學的領域。他發明的庫侖秤也被科學家用於精密測量及其他物理學的實驗中，庫侖在電學上的卓越成就，讓他在法國享有崇高的聲望，他也同時擔任水利資源部總監。

不過，當法國大革命爆發後，他離開水利資源部，進入科學委員會，負責制定新的度量衡，將北極到赤道子午線長度的千萬分之一定爲一公尺。完成此項任務之後，庫侖便辭去所有公職，跑去風光優美的布盧瓦隱居十年之久。

當拿破崙一世掌權後，他又把庫侖從布盧瓦找出來，並任命他爲教育部長。庫侖雖然滿心歡喜地接受這項職務，但是他的健康狀況早已江河日下，時不我與，所以他只當四年教育部長，便病逝於巴黎，享年七十歲。

青蛙腿的電流之爭

伏特
Alessandro Volta
1745～1827

李伯伯這麼說

伏特是義大利人。在他的年代，義大利有一位名叫伽伐尼的醫生，他發現如果青蛙的腿受到靜電的刺激，會有抽動的現象，即使死去的青蛙也是如此。伏特非常聰明，他認為這種電流與動物無關，青蛙不會產生電流，而是對電流會有反應，與兩極有不同的金屬有很大的關係。他後來的伏打電堆就是根據這個想法設計出來。

****

在1745年2月18日，有個笨小孩出生於義大利科莫的貴族家庭，他的名字叫伏特。

伏特從小就笨手笨腳，一直要到四歲大的時候才勉強學會說話，他的父母簡直是操心的不得了，不過這個笨小孩長到了七歲後，不知道什麼原因，突然開竅了起來，智力發展便開始遠遠超越同齡的孩子。

　　在伏特十四歲的時候，他的七位兄弟姊妹都已經決定未來要從事神職工作，但是伏特卻獨排眾議，因為他當時閱讀一本英國科學家普利斯特利所寫的《電學史》著作，讓他對自然科學情有獨鐘，他決定長大後要成為一位物理學家！

　　1769年，年僅二十四歲的伏特發表第一篇學術論文，隨即引起科學界的廣泛注意。五年後，伏特便成為科莫大學的物理學助教。在三十歲那年，伏特便發明受到科學界矚目的起電盤（Electrophorus），這是一個可以產生靜電電荷的裝置。之後兩年，伏特又轉而投入化學，研究大氣電力，以及如何在封閉容器中以電力火花點燃氣體的實驗。

　　1779年，伏特順利成為帕維亞大學的物理學教授，三年當選法國科學院的外國院士，同時他也發現沼氣，發明可以研究氣體燃燒時容積變化的氣體燃化計。

　　伏特的人生最大驚喜發生於1786年，那年發生一件事情，讓伏特的人生開始轉了一個彎，變得非常戲劇化！

　　當年，義大利著名的生物學教授伽伏尼，在解剖青蛙時發現蛙腿會發生痙攣的現象，彷彿死而復生一樣，然後伽伏尼便一口咬定生命力的根源就是電，電流刺激可以造成某些生命現象，甚至還可以啟動生命。於是伽伏尼就將這種現象稱為「生物電」，有別於「自然電（從雷電而來的電）」與「靜電（由摩擦得來的電）」。

當伽伏尼的發現公布後，眾多科學家開始對這種讓人充滿遐想的「生物電」產生濃厚興趣，而伏特也是其中之一。

不過伏特研究「生物電」一段時間之後，他深深覺得不以為然，於是他就在1793年12月寫了一封公開信給伽伏尼，認為電流在本質上是由金屬接觸而產生，與金屬是否壓在動物的身上無關，應該用「金屬電」代替「生物電」比較適切。

這封公開信在歐洲的科學界引起軒然大波，有些人覺得伏特很勇敢，也有些人則不以為然，支持者與反對者各占一方。

雖然科學家關切伏特與伽伏尼之爭的人越來越多，但是這些都沒影響到伏特，他繼續研究，證實自己的論點。

他設計一個可以檢驗微小電流的驗電器，用不同的金屬做實驗。他發現一種金屬可以帶正電，而與另一種金屬結合時又可以帶負電。伏特經過反覆的實驗後，發現在電堆兩極的金屬為鋅及銀時，產生電力的效果最好。然後，又排出「鋅、錫、鉛、銅、銀、金」的序列，他只要將此序列裡前面的金屬與後面的金屬相接觸，前者就帶正電，後者帶負電，在序列中的距離越遠，帶電荷越多，產生的電流越強。

伏特藉由自己的手、額、鼻、耳、皮膚等，與此裝置的兩極接通，直接體會受到電力刺激的各種感受，例如：耳鳴、皮膚刺痛，舌頭痙攣與頭暈目眩等，最後居然發明世界上第一個化學電池：伏打電堆。

　　這是一個具有萊頓瓶的功用，但是比萊頓瓶更好的東西。因為伏打電堆讓人們第一次獲得強而穩定的持續電流，讓科學家從靜電研究轉向為動電研究，為電化學、電磁連繫等科學邁向了一大步！

　　雖然伏特發明伏打電堆，但是依舊非常謙虛，他認為伏打電堆的原始創意是來自於伽伏尼，應該叫作「伽伏尼電池」。

　　當伏特發明伏打電堆後，他便將過去十幾年的研究成果寫成一篇論文《論不同金屬材料接觸所激發的電》寄給英國皇家學會，可惜被負責審查論文的秘書尼克爾遜惡意擱置，於是伏特就把自己的作品四處投稿，最後引起法國國王拿破崙一世的濃厚興趣。對於學者向來禮遇三分的拿破崙一世便在1800年11月20日在巴黎召見伏特，當面觀看伏特的實驗，除了頒發六千法郎的獎金和金質勳章給予伏特外，甚至還為伏特發行紀念金幣。

　　此外，拿破崙還命令法國學者成立專門的委員會。大規模的實驗，讓伏特的發明更上一層樓，此時是伏特科學生涯最登峰造極的一刻。

　　在伏特發明伏打電堆之前，人們只能應用摩擦發電機，運用旋轉的方式來發電，再將電存放在萊頓瓶內。這種方式非常麻煩，而且所得的電量也有極大的局限。然而，伏特改善這些缺點，讓電的取得變成非常方便，也帶動後續電氣研究蓬勃發展。

　　1810年，拿破崙為了表彰伏特在電力學的貢獻，冊封他為伯

爵。伏特的家鄉義大利科莫也為他蓋一棟「伏特寺」博物館,以及致力推廣科學活動的伏特基金會。為了紀念伏特的成就,國際單位制中電壓的單位便以其姓氏為名,符號為V。

我的右手藏了一個定則

安培
Andre-Marie Ampere
1775～1836

李伯伯這麼說

我們現在談到電壓，總以伏特為單位，講到電流，就會用安培為單位。各位也許不知道，一安培的電流非常大，不相信的話，不妨去看看積體電路裡面的電流，那真是小得驚人，往往只是一安培的百萬分之一。庫侖定律說電荷之間有力的存在，那麼安培最大的貢獻就是發現電流之間也會有力存在。

****

安培是一位傳奇的科學家，他一輩子共經歷三次大劫難，雖然最後都能全身而退，但還是留下不少遺憾。安培的人生故事充滿了戲劇張力，是不得不認識與佩服的科學家。

安培在1775年1月20日於法國里昂出生，他的父親是一位非常傑出的絲織商人，而且非常重視小孩的教育，在他尚未識字之前，父親就經常為他朗誦詩歌、戲劇與童話。

安培七歲時，他的父親便把白天的時間分為四等分，三等分拿

來教安培念書，剩下時間才去做生意。有這麼一位對教育如此
熱忱的父親，加上安培過目不忘的記憶力，他在十三歲之前就已
經懂得生物學、天文學與語言學，大家都稱安培為「百科全書天
才」。

自從讀了歐拉與白努利的數學研究報告，安培寫了一篇《求圓
錐形曲線長度的研究》投稿里昂科學會，並獲得刊登，讓他有機
會旁聽里昂學院達伯倫教授的數學課程。後來，教授給他一個極
高的評價：「數學的困難，無法阻擋他前進的腳步。」

就在前途似錦的安培準備蓄勢待發的同時，法國爆發驚天動地
的法國大革命，整個法國陷入無政府狀態，里昂的政府軍隊已
經宣告解散，城裡搶劫、暴動、謀殺四起，為了維持治安，安培
的父親便將工廠裡頭的紡織工人組織起來，成立自衛隊來保護工
廠。後來，里昂需要維護治安的地方實在太多，於是自衛隊就不
斷擴編，最後成為里昂防衛軍，而安培的父親正是防衛軍司令，
讓里昂動亂迅速歸於平靜。

不過，看在革命黨的眼中，里昂防衛軍是擁兵自重的叛軍，於
是革命黨議會開始組織軍隊，在半年後對里昂防衛軍發動攻擊。
為了讓里昂市民免於遭到革命黨軍隊的屠殺，安培的父親只好前
去陳情，但是立即被逮捕，並送上斷頭台，安培家的財產也全數
充公。

父親意外過世給安培極大的打擊，之後抑鬱消沉，整整有一年

半時間，白天將自己鎖在房裡，夜裡則像個遊魂一般四處遊蕩。因為擔心安培被革命議會逮捕，所以安培的母親只好把安培送到里昂郊外的小鎮，請一位老管家照顧他。

被安置在郊外小鎮的同時，他認識一位大他兩歲的茉麗。兩人迅速墜入愛河，那是安培這輩子幸福的時刻。在安培的人生被迫中斷的第八年，由於拿破崙已漸掌握大權，開始重視教育，於是安培終於獲得了一個返鄉的機會，在茉麗的鼓勵之下，他考上了里昂中央學院，成為數學老師。

返回里昂後，安培與茉麗結婚，共組家庭。他的人生漸漸回到正軌，有如百科全書的天分也迅速展現，獲得眾人的肯定。

不過安培此時的才華並非科學研究，而是教書。因為安培是知識分類的高手，非常擅長在不同知識領域中融會貫通。他把物理稱為「以最少的法則，去解釋宇宙間物質界最多現象」的學問，甚至把物理分為三個領域：天文物理——宇宙萬有引力定律的呈現；機械物理——物體的運動與平衡；化學物理——物質的基本組成與反應。

由於安培編的上課教材非常有趣，學生們都很喜歡，最後被拿去當作法國當時的高等教育範本，而且還受到法國科學界大師拉普拉斯的青睞，推薦他成為科學教材的審查委員。在此同時。由於厄斯特在1802年發表一份震驚全歐洲的〈電流對磁針影響的實驗〉論文，激發安培的靈感，他立即想到有一種未知的「力」影

響電流對於磁針的偏轉，他認為這未知的力可能是解開「磁」現象的關鍵。

因為安培非常崇拜牛頓，所以當他開始研究電磁現象時，便採取了牛頓力學的方法，認為力學的公式便可滿足。於是根據一個基本假定和四個基本實驗事實，進行一連串電學實驗，成功地導出結論「當兩條導線上的電流方向相同時，導線互相吸引；反之，當電流方向相反時，導線互相排斥。其吸引力或排斥力與導線之間距離成反比」。這種論證方法及其公式對以後的電學影響很大。安培在科學史上獲得「電動力學之父」的美譽，而這個結論日後也被稱為「安培定律」。

因為提出安培定律，安培順利晉升為物理學教授，而且還當上大學督察，負責到法國各地視察科學教育的執行成效。

好景不常，安培的妻子茱麗卻在里昂病逝了，留下一個兒子與領養的女兒，這讓安培痛不欲生，不知道該如何度過，只好瘋狂地投入科學研究，好忘卻喪妻之痛。

這時，他發表了《統計計算賭博勝負機率》與《變異量的計算》，在數學領域占有一席之地，並且獲得巴黎綜合技術學院的數學教師聘書，安培期待在數學、物理、化學不同學科間跳躍，試圖整合所有的知識，使其成為一套脈絡可循的思想體系，但是這時安培的人生遇上第三次重大挫敗。

安培從1806年後，陷入一連串的婚姻危機，他結了婚、又迅速

離婚，他跟有夫之婦同居，雖然他白天是知名的大學教授、成功的科學家，在化學領域大放異彩，發現了氟與碘這兩種元素，而且還以數學推導其原子組成的晶體結構，但是他在晚上又隱姓埋名去聲色場所放縱情慾，甚至有一次與兒子的家庭教師糾葛不清。

1814年，安培終於自我警覺，卻不知道如何跳脫情欲世界的泥沼，於是選擇自殺，但並未如願。同年，他的數學成就已經跟拉普拉斯齊名，化學成就也已到達法國化學界的巔峰，他發表的偏微分方程式可以結合數學與物理，讓他獲選為法國科學院的院士，甚至被任命為全國各大學的總督察。然而安培一點也不快樂，他又再經歷三年的掙扎，最後才在父親留給他的遺物《效法基督》（中世紀最有名的一本靈修書）中獲得頓悟，擺脫情欲糾葛，人生得以重新出發。

重新出發的安培得知厄斯特在1820年7月發表《電流磁效應》的重大發現後，他重複了厄斯特的實驗，並且提出了「安培右手定則」，用電流繞地球內部流動解釋地磁的起因。

除了「安培右手定則」之外，安培在人生最後的十幾年，他便竭盡所能要專心成為一位教育家，他將人生最後的精華寫了一本著名的教育書籍《評論》，為科學教育而努力。安培認為科學教育的目的，不只是了解大自然，而是喚醒人類知道自己存在的價值，所以科學教育必須要培養學生觀察、分析、實驗與綜合的四

種能力，使人與人了解在大自然中互動的真理。

　　儘管安培在教育方面的表現非常卓越，但是他的晚年依舊非常淒涼，由於自己在中年時代的情欲放縱，讓他失去教育小孩的權柄，所以安培的兒子離家出走，跟一位大他二十歲的女人同居，安培的女兒則嫁給一位從不工作的酒鬼，讓安培在垂垂老矣之時，還要負責照顧女兒全家生計。

　　1836年6月，六十一歲的安培在趕往大學視察的途中過世，死時身上依舊帶著父親留給他的遺物《效法基督》這本書。

　　雖然安培的故事充滿了戲劇張力，衝突不斷，不過他若地下有知，應該也不會太遺憾，因為他的電學研究對後世的電學影響真的很大，馬克士威也盛讚安培為「電磁學中的牛頓」。再者，科學界為了表彰安培在電磁作用的卓越成就，也將電流的國際單位以其姓氏來命名，符號為A。

　　最重要的是，安培那位離家出走的兒子最後也迷途知返，花了整整七年時間將安培生前尚未完成的《評論第二冊》寫完，並予以出版，讓安培的教育理念「數學是學生進入科學教育系統的第一步，小學教育應由『算術』教起，因為計算數字是所有科學的基礎；在中學教三角與幾何學，讓學生了解自然界的事物與時間、空間的關係；在大學開設微積分，以準備描述事物因果間的變化……」使後世更多學子得以受惠。

八年寒窗只爲一件事

厄斯特
Hans Christian Ørsted
1777〜1851

李伯伯這麼說

安培的實驗和磁學有關，但是最早發現磁與電有關的人應該算是厄斯特，他發現電流可以使磁針偏轉，安培就是根據他的實驗開啓一連串實驗。

****

厄斯特於1777年8月14日出生於丹麥的路克賓，由於他的父親是位藥劑師，受到父親的影響，厄斯特很早就對藥物學、化學、物理學擁有濃厚的興趣。

厄斯特在十七歲進入哥本哈根大學學習醫學和自然科學，不過此時厄斯特卻迷上康德哲學，五年後以康德哲學的相關論文取得哲學博士的學位。畢業之後，他又去德國和法國遊學了兩年，成爲自然哲學學派的熱烈追隨者。但是，當他返回丹麥之後，卻又成爲哥本哈根大學的物理學教授。

兩百多年前的自然哲學，其實並不是一種單純的哲學，因爲自

然哲學讓人思索自然界的最基本規律，所以它也算是某種程度的物理學。再者，英國科學家牛頓與德國哲學家黑格爾都曾為自然哲學編寫過著作，所以自然哲學既是哲學，也是科學。

當時厄斯特最熱中的學問就是電與磁之間的關係，尤其是正電和負電，南極和北極，同性（電）相排斥而異性（電）相吸的現象。他翻閱富蘭克林等前輩科學家的實驗報告，他認為電轉化磁並非不可能，必須找出電和磁轉化的具體條件，於是厄斯特一找就是八年。

從1812年開始的八年間，厄斯特反覆做著可能產生磁效應的實驗，但是他一再失敗，所以他一再變換自己的思路與實驗方式，努力尋找電和磁之間的關係。在1820年4月的某個夜晚，當厄斯特正在為學生上電學課的時候，他的靈感突然來了！他在伏打電堆的兩極之間接上一根很細的鉑絲，在鉑絲正下方放置一個能自由轉動的小磁針，當接通開關時，他發現小磁針向垂直導線的方向大幅轉向，於是他獲得解開電磁關係的一把鑰匙。（注：如果使用現今的乾電池來重複厄斯特的實驗，並不會得到相同的結果，因為厄斯特所使用的是兩百年前的「伏打電堆」，在伏打電堆未通電時，並不會使磁針偏轉。）

接下來的三個月，厄斯特做了六十幾個實驗弄清楚電流對磁針的作用，他把磁針放在導線的前後左右上下，考驗電流對磁針作用的方向；另外他將磁針放在與導線不同的距離處，實驗電流對

磁針作用的強弱；最後他用各種物質放在磁針與導線之間，結果
發現它們都不會妨礙電流對磁針的偏轉作用。

厄斯特在1820年7月21日發表一份只有四頁的論文《關於磁針上
電流碰撞的實驗》，以簡潔的語言向世人宣布電學史上一個重大
發現——電流的磁效應。

厄斯特這份輕薄短小的論文讓電流的測量成為可能，讓原本分
道揚鑣的電與磁兩門孤立學科終於能聯繫，開啟電磁學勢如破竹
般的發展，揭開電磁學的序幕，展現電磁學時代的未來，讓十九
世紀二、三十年代成了電磁學發展的時期。

1820年厄斯特發表論文，同一年法國科學家安培就在厄斯特的
實驗基礎下，提出了「安培右手定則」；德國科學家歐姆也確定
了電路的基本規「歐姆定律」。

1831年，英國科學家法拉第也在同一基礎上發現電磁感應現
象，英國科學家馬克士威集大成，用一套方程組概括電磁規律，
建立電磁場理論，預測光的電磁性質，終於實現物理學史上第二
次大綜合。

之後，厄斯特一帆風順，不但被選為英國皇家學會會員與法國
科學院院士，同時也是許多科學院和學會的成員。他的科學成就
並未停歇，在1822年測出水的壓縮係數，1825年則首次成功分離
出金屬鋁，甚至還改進庫侖秤。

至於厄斯特原本最熱衷的自然哲學，他也從未忘情。他在1824

年倡議成立丹麥自然科學促進會，積極推薦科學知識，在1829年，厄斯特也創建丹麥哥本哈根理工學院，並出任首任院長。另外厄斯特也是一位多產的暢銷作家，代表作為1850年出版的《自然界的精華》。

1851年3月9日，厄斯特於哥本哈根病逝，結束璀璨的一生，享年七十四歲。

厄斯特為電和磁之間建立了橋梁，開啟電磁學的探索道路，讓電報、電話、電磁鐵、電動機等的發明變為可能。不過對厄斯特的科學貢獻，最棒的一句恭維來自於英國科學家法拉第：「厄斯特猛然打開科學領域的大門，過去是一片漆黑，如今卻充滿光明！」

靈巧手藝造就精密電學

歐姆
Georg Ohm
1789～1854

李伯伯這麼說

歐姆定律是每一位電機工程師必定要用的定律，對我們日常生活來講，這個定律十分有用。如果要了解何謂短路，一定要先知道這位科學家。

****

歐姆在1789年3月16日出生於以玩具製造著稱的德國埃爾蘭根。歐姆的父親是一位受人尊敬的鎖匠，雖然未曾受過正式教育，但能在家裡教好孩子們的數學、物理、化學和哲學。

當時的鎖匠並不是一種簡單的職業，必須在十四歲去當學徒，學習十年才能出師，然後還必須出外旅行十年，三十四歲才能返鄉開店。父親的鎖匠職業讓歐姆也擁有著精密的手藝，所以歐姆後來才會說：「科學上最精密的測量就是電學！」

歐姆十歲時，母親過世。歐姆進入埃爾蘭根高中，接受科學知識的培養，也發現學校教育跟自己父親所傳授的知識的確存在鮮

明的不同。當時埃爾朗根大學的教授便注意到歐姆在數學領域異於常人的天賦，他預言歐姆與他的弟弟馬丁，日後將成為「白努利兄弟」（18世紀荷蘭著名的兄弟檔數學家）。

歐姆在十六歲時進入埃爾蘭根大學研究數學、物理與哲學。由於家中經濟困難，只念三個學期便休學，跑到瑞士農村當六年的中學教師。二十二歲時，歐姆才重返埃爾蘭根大學，一年內拿到博士學位。之後，又在學校當了一年半的無薪助教。

不過人總是要過活，一直當無薪助教也不是個辦法，於是歐姆又跑回鄉下當中學老師，從事科學研究，雖然歐姆缺乏資料和儀器，讓他的研究難以進行，但是他學會自己動手製作儀器，在困難的環境中堅持科學研究。1819年，因緣際會，歐姆轉到德國教育風氣最濃的科隆耶穌學校當教師，讓他有機會研究知名法國科學家拉普拉斯、傅立葉等人的經典著作，為自己未來的事科學研究打下厚實的理論基礎。

在歐姆求學的年代，德國的科學非常落伍，尤其是物理學更遠遠落後於他們的死敵法國。德國為何會落後法國呢？主要的原因在於當時德國物理學界由一群垂垂老矣的物理學家所把持，這些人對法國人提倡的數學物理方法非常不滿，他們只在乎觀察和實驗，完全輕忽計算和幾何在物理學的重要性。

這種輕視數學的態勢一直要到1806年10月才改觀。當拿破崙一世用六天時間就瓦解了普魯士（德國的前身），並且摧毀普魯

士引以爲傲的斜線戰法。這次的挫敗給德國人極大的打擊，除了讓德國的世襲貴族特權被粉碎之外，德國也開始以法國科學爲榜樣，大量引進法國科學教本，讓歐姆等年輕學子擁有一睹拉普拉斯、傅立葉等法國科學家的經典著作的機會。

歐姆就是在那個「德國努力向法國學習」時期的代表人物。

歐姆首先學習的法國科學家就是庫侖，他運用庫侖在1784年發明的扭力秤，設計出一種絲懸磁針電流計，歐姆製作出來的儀器不需要被測量的電流通過儀器本身，只需將磁針置於電流的附近，就可以根據磁針偏轉角來確定電流強度。另外歐姆又根據電流強度的線性關係，正確地抽離出電流強度的概念。另外，他又根據德國科學家塞貝克在1822年發現的溫差電效應，設計出一台不會像「伏打電堆」電極極化的溫差電池。

藉由以上兩種儀器，歐姆從熱和電的相似性出發，進行類比，並且運用法國科學家傅立葉的熱分析理論。再引入微分形式，把成果總結在《數學推導的伽伐尼電路》裡頭。

歐姆在1827年提出的著作是德國在十九世紀第一部數學物理著作，也可以視爲德國物理學的轉捩點。然而，歐姆一推出這本書後，卻讓他面臨人生史上空前的挫敗，不但面臨德國科學界的打擊，甚至還面臨來自於哲學界的壓力。在科學發展史上，一位科學家會受到哲學家的打壓算是罕見，偏偏歐姆遇上了。

因爲當時的德國依舊頑冥不靈，排斥法國數學物理方法，雖然

歐姆定律建立在實驗和理論的基礎上，但因為使用新穎的絲懸磁針扭力秤與溫差電池，所以依舊引起德國其他物理實驗家的懷疑。歐姆又模仿法國科學家傅立葉的熱分析方法，這是一種抽象的分析方式，讓德國實驗物理學家們認為歐姆定律在現實中不可能存在。

再者，德國當時很多人是黑格爾唯心論的信徒，所以也是唯心論者的德國物理學家鮑爾撰文詰問歐姆，對歐姆定律採取絕對否定的態度，他說：「歐姆定律是不可置信的欺騙，唯一目的就是要褻瀆自然的尊嚴！」

最後，普魯士國王決定把歐姆的著作送到巴伐利亞科學院鑑定，並組成一個專門學術委員會辨其真偽。但因為委員會大多數人都缺乏對電學發展的認識，自然難以裁決，最後就不了了之。歐姆定律就這麼被束之高閣，成為鬥爭下的犧牲品，而且還成就一樁「哲學家把科學家鬥垮」的千古奇聞。

皇天不負苦心人，當唯心派掌門人黑格爾在1831年去世後，唯心主義思想對科學的束縛漸漸鬆弛，歐姆定律終於重見天日。

當歐姆定律重出江湖，有機會傳向全世界時，不少科學家認為相見恨晚，如果歐姆定律能早點出現，英國科學家法拉第就可以更早發現電磁感應定律。如果歐姆定律能早點出現，法國科學家安培或許可以在晚年研究出更棒的電動力學。如果歐姆定律能早點出現，美國科學家亨利就不用在電動勢的研究上虛耗這麼多年

的青春。

當歐姆定律問世的第十五年後，歐姆終於獲得遲來的榮譽。英國人在1841年頒給歐姆象徵科學極高殊榮的科普利獎章。當歐姆定律問世的第十七年後，歐姆終於獲得來自於自己國人的好評價；第二十二年，歐姆終於獲得他一輩子夢寐以求的職務──慕尼黑大學物理學教授。歐姆已經當了四十年中學老師，作育英才無數，他的弟弟馬丁也老早就是柏林大學的首席數學教授，但是歐姆卻始終沒有出任大學教授的機會。

由於歐姆這時已是名滿德國的科學家，讓他有權利可以選擇在德國任何一所大學任教，最後歐姆選擇回到家鄉的埃爾蘭根大學擔任教授，將自己這輩子最後的菁華，奉獻給家鄉的學子。

終身未婚的歐姆身體狀況始終不好，僅當了兩年教授，在1854年7月6日上午十點，猝死在埃爾蘭根大學的講台上，享年六十五歲。

1881年，在巴黎召開的第一屆國際電氣工程師會議上，眾人一致公認以「歐姆」一名來作為電阻的實用單位，以表彰歐姆在電學上的卓越貢獻。

最會偷知識的釘書匠

法拉第
Michael Faraday
1791〜1867

李伯伯這麼說

對電機工程師來講，另一個令我們頭痛的科學家是法拉第，因為他在電算上的成就實在太好，我們往往被他弄得頭昏眼花。厄斯特發現電流的改變可以影響磁場，法拉第則更厲害地發現磁場的改變是可以產生電流的。他的發現使我們可以設計交流電發電機，是一大里程碑。

****

法拉第應該是這本書裡頭，人格最高尚、最值得成為後世榜樣的偉大科學家。他是人類歷史上最偉大的「實驗物理學家」，現在全球各地的每一所大學的理工科系，都能看到法拉第的偉大身影。

法拉第的影響力無所不在。上化學課的時候會讀到他的「法拉第常數」，上物理課時會讀到他的電力線與磁力場理論，倘若念電機系，就會研究法拉第的「電磁感應」。法拉第被尊崇為「電

機工程學之父」。

如果念材料工程系，也必須研究法拉第對於合金的理論；如果念機械系，也要研究一下法拉第所製作的人類第一台馬達與發電機；如果念化學系，一定得面對法拉第發現的苯；如果念土木系，也必須搞懂法拉第對於水的膠凝處理。就算念的是社會組的教育系，也要研究法拉第對於教育的貢獻，更要知道他如何啓發馬克士威、焦耳與愛迪生。

法國化學家杜瑪斯在首度拜訪法拉第後，便寫下他對法拉第的評價，他說「法拉第是人類史上發現最豐富的科學家，他的心總是平靜，他的手永遠忠心地執行任務。在科學的領域裡，法拉第不需要魯莽的血氣之勇，也不需要任何獎勵來印證他心裡的感動。從他嚴格批判自己研究的行爲中，我看到他的細心；在他持續往既定目標邁進的時候，我看到他的勇氣；法拉第是所有眞理探索者的最佳榜樣。」

看到這裡，您能想像法拉第這麼傑出的科學家，居然連小學都沒上過，而且一輩子貧窮，在被人誤解、遭逢打擊、喪失記憶的悲慘中度過。儘管如此，法拉第卻依舊熱愛生命、滿懷謙卑、過著自在快樂的生活，而且還幫助許多人，這是一定要讀的偉大傳奇故事。

法拉第在1791年9月22日出生於英國紐威頓，其實紐威頓原本是鄉下，只不過倫敦的行政區擴大，最後就變成倫敦市的一部分。

法拉第的父母皆是溫和勤儉的好人，一直盼望讓孩子受到較好的教育，不過當時英國階級意識十分明顯，由於父親只是一位鐵匠，所以法拉第無緣接受任何教育，必須當學徒，靠自學來求取知識。

法拉第從十四歲開始，便進入雷伯先生所開的書店擔任釘書匠學徒。在外人的眼光，法拉第的工作既無聊又沒有意義，但是法拉第卻認為這是天外飛來的好工作！因為他可以免費閱讀到書店裡的書籍，從這些書本上攫取科學文化知識。

在法拉第長達七年的訂書匠學徒，他接觸到大量書籍，也攫取到大量的科學知識，就如同上了七年學一樣。在法拉第閱讀過的書裡頭，有三本書對法拉第影響最深。

第一本是大英百科全書，法拉第從這本書獲得電的概念。第二本書是馬塞夫人寫的《化學談話》，啟發法拉第想要從事科學研究的想法，也讓法拉第開始省吃儉用，買些廉價的儀器，跟著書本按圖索驥，作些簡單的化學和電學實驗。不過據法拉第表示，對他影響最大的一本書是以撒‧華茲寫的《悟性的提升》，因為這本書建議五個讀書好方法：作筆記、上課、讀書要有同伴、讀書會、學習仔細觀察和精確用字。這些建議對法拉第影響很深，而且也成為他一輩子奉行不悖的治學方法。

當時法拉第有個求學的大好機會，因為倫敦出現一個「都市哲學會」，這是一個為了提昇倫敦失學學生的知識水準所辦的教育

講座，而且擔任講座的碩儒都非泛泛之輩，有時大師級人物也會蒞臨會場。

這個講座非常熱門，連門票都不易要到，幸好法拉第擔任學徒的書店有位常客叫做譚斯，他是皇家愛樂協會的創辦人，因此把手上的門票都給了法拉第，讓他有機會凝聽戴維爵士主講的精采化學講座。

戴維爵士是當時頂頂大名的化學家，也是英國皇家學會的會長。他是人類史上發現化學元素最多的人，所以人們皆尊稱他為「無機化學之父」。雖然戴維發現鈣、鎂、鈉、鉀等重要元素，但是在晚年的時候卻說：「其實我一生最大的發現，就是發現了法拉第！」

由於戴維做一場三氯化氮的實驗時發生意外，導致視力受損，亟需一位助手來幫忙。法拉第便興沖沖地跑去應徵，並且把自己聽戴維演講時所細心整理的三百頁筆記拿給他過目。戴維看了之後非常開心，在1813年3月正式邀請法拉第成為他的化學助理。

看到這裡，你一定認為能夠成為名滿天下的英國皇家學會會長，實在是天外飛來的好運吧！不過或許是我們想太多，因為事情並沒那麼好。戴維和其夫人對法拉第一點也不友善，他們根本不是請法拉第來當助理，而是請他當僕役。

戴維夫人為了顯示高貴，經常羞辱法拉第，不但不准法拉第跟他們同桌吃飯，而且坐馬車的時候，法拉第也只能坐在車外。不

過法拉第原本就出身貧寒，這種小委屈，法拉第很自然地逆來順受，從不抱怨！

這時法拉第又遇上一個天大的好機會，因爲戴維夫婦準備要去歐洲各地展開爲期十八個月的科學考察之旅，這趟旅行雖然讓法拉第感到百般羞辱，甚至還曾經想要逃回英國，不過他卻都忍了下來，因爲這行讓法拉第大開眼界，讓他有機會接觸多位歐洲頂尖科學家，包括安培、伏特與給呂薩克。

原本戴維以爲法拉第在這趟旅行中，只是學會如何成爲一位好僕役罷，卻萬萬沒想到法拉第在這一年半功力大增，成就即將超越戴維。

回到英國後不久，法拉第寫了一篇論文投稿英國皇家學會，並且贏得會員的滿堂彩。對於任職英國皇家學會的戴維而言，當然很不好受，不過他安慰自己，法拉第只是一個小人物，根本沒啥好計較。

起初戴維不以爲意，但隨著法拉第在1816年至1819年期間，一共發表三十七篇論文，而且每篇論文擲地有聲。眼紅的戴維這時大怒了，他實在無法接受一個訂書匠與僕役出身的法拉第搶走他的風采。

其實當時看法拉第不順眼的人並非只有戴維一人，很多科學家都排斥法拉第，因爲他出身卑微，不但從來沒上過正統學校，快到三十歲還在當僕役。只要法拉第發表論文，很多人都想要數落

貶抑他一頓，嘲笑他沒學歷，譏諷他狗運亨通，有時甚至還直接指控法拉第抄襲別人的研究，無所不用其極。

雖然大部分的科學家都看不起法拉第，但是他卻有一位遠在大西洋上聖赫勒拿島上的知音，這位知音就是拿破崙一世。拿破崙在滑鐵盧之役戰敗後，流放到聖赫勒拿島上。不知為何緣故，身為囚犯的拿破崙一世居然有幸一睹法拉第寫的科學論文，於是他在死前寫了一封信給法拉第，信上寫道：「當我讀到您在科學上的重要發現時，我深深地感到遺憾，自己過去的歲月幾乎浪費在無聊的事情上！」

1821年初，法拉第開始研究電磁學，同年九月就發明世界上第一個電動馬達。法拉第設計的裝置可以把電力轉成轉動電線的動能，所以現在全世界各地的電動馬達都還是採用法拉第1821年的電動馬達原理。

發明電動馬達後，法拉第漸漸成為受人敬重的科學家。三年後，有人提議讓法拉第成為英國皇家學會的會員，不過戴維跳出來反對。最後的投票結果，只有戴維一個人投下反對票，其餘會員皆投贊成票，於是法拉第便順利地成為皇家學會的會員，使他有更多的機會可以參與科學研究，而且在隔年順利成為實驗室主任。

法拉第當上英國皇家學會的實驗室主任之後，戴維又開始動手動腳，他立即指派法拉第去進行一個光學玻璃實驗，這是一個很

瞎、沒有多大意義的實驗計畫，但是法拉第卻非作不可！於是法拉第就這麼耗費了長達六年的青春！

雖然這六年光陰，法拉第的科學研究幾乎一片空白，但是他卻做了一些很有意義的事情，讓自己的人生不留白。首先，法拉第在1825年於英國皇家學會主持了「星期五之夜討論會」，這是一個長達三十七年的活動，被譽為全世界最受歡迎的科學教室。參加的成員從王公貴族到碼頭工人，甚至訂書匠與僕役都可以參加。每個人都在星期五的晚上傾聽科學的發現者講述理論與實驗的故事，而且在討論會上，人人平等，先來的人坐位子，晚來的人就站在走廊上，就算女王駕臨也一樣。

從1826年的聖誕節開始，法拉第為兒童舉辦「耶誕節演講」，他在演講中為小朋友們說說自然科學的奧祕，每項都能深深吸引小朋友的注意，所以是一場非常受歡迎的年度盛事。

至於法拉第停頓六年的科學研究工作又該怎麼辦呢？總要想個辦法來勸勸充滿嫉妒的戴維先生吧！然而，戴維就是固執不已，永遠要阻礙法拉第，至死方休。事實還真的如此，直到戴維去世之後，法拉第才停止為期六年的研究計畫，開始進行其他有意義的實驗，不過，法拉第在這六年並非一無所獲，至少他研製出一種具有高折射率的玻璃。

自從戴維過世後，法拉第開始進行一連串重大實驗，他發現電磁感應，並且提出磁場和磁力線的概念。最重要的是，法拉第在

1831年根據自己所發現的電磁感應定律，製作出一個利用電磁感應產生大量電流的實用裝置，這就是人類第一台的發電機。就算過了一百八十年後，人類目前所使用的發電機依舊以法拉第在1831年設計的發電機為基礎。

理論上，法拉第光靠這台發電機，也許就能成為世界首富，但他卻放棄任何金錢的報酬。他將這項發明公諸於世，為人類開發一座永不枯竭的金礦，從此人類才有機會進入「電力時代」。

法拉第發明人類第一台的發電機之後的兩年又提出電解法則，後來的科學家為紀念他在物理學上偉大的貢獻，就以他的姓氏「法拉第」做為計算電容量的單位名稱，及電容的單位為「法拉」，簡記為F。

1839年，四十八歲的法拉第又成功進行一連串實驗，幫助世人將抽象的電磁場具象化，對於電力機械裝置在十九世紀的發展有重大的影響。這些裝置在十九世紀主宰整個工程與工業界。

1844年，法拉第發現光在磁場中的偏振現象，後人稱之為「法拉第效應」。之後幾年，法拉第陸續創造幾項發明：汽量電壓計、碳氫化合物的石油精，以及凝膠化學。他甚至在1855年還呼籲倫敦市議會要建立污水道，將各家庭的污水集中，成立污水處理廠，所以算是環保的先鋒。

1861年10月11日，法拉第從英國皇家學會正式退休，這天對法拉第而言是個大日子。他在這裡待了四十多年，除了研究外，他

與妻子也住在英國皇家學會樓頂的小閣樓，實在是百般不捨。

法拉第曾經兩度獲得英國皇家學會的獎章，但是他始終婉拒擔任英國皇家學會的會長，也婉拒英國女王的封爵。不過，這些都是小事，最重要的是法拉第一輩子都沒買過房子，他甚至沒有存款，他不知道離開英國皇家學會之後的住所，令他覺得非常茫然。

當法拉第帶著老妻提著皮箱正準備踏出英國皇家學會的大門時，赫然發現軍容壯盛的英國皇家儀隊站在門口列隊歡迎他。接著，維多利亞女王從隊伍中走出來，跟法拉第說：「請您搬到我為您準備的皇家別墅。」然而，法拉第當場婉拒，因為他根本付不起皇家別墅的房租，更付不出那龐大的維修費用。幸好女王很帥氣地對法拉第說：「別客氣！我來買單！」

這是科學史上最溫馨的禮讚，所以法拉第也不好意思拒絕，他滿心歡喜地接受維多利亞女王的安排，住進漢普頓宮道37號。這棟房屋目前還在，屋名就叫做「法拉第之屋」，現在依舊是倫敦最著名的觀光景點之一。

搬入「法拉第之屋」後的法拉第，健康狀況亮起紅燈，不過他開始整理過去四十二年所有實驗的詳細紀錄，捐贈給英國皇家學會。後來這些紀錄經過後人整理出版，成為七大卷，三千多頁的《法拉第日記》，另外法拉第也把發表過的電磁學論文集結成《電學的實驗研究》，成為電磁學史上的不朽巨著。

　　法拉第在1862年辭去「星期五之夜討論會」的主持工作，因爲失憶症已經越來越嚴重。接著兩年，他又辭去了最經典的「耶誕節演講」工作，讓求知的小朋友非常傷心與不捨。

　　法拉第人生的最後兩年，依舊持續地研究水污染的問題以及燈塔的改善計畫。在研究結果尚未出爐之前，他在1867年8月25日「法拉第之屋」辭世長眠。

　　爲了讓世人緬懷法拉第無與倫比的貢獻，電容值的國際單位被命名爲「法拉」。此外，一莫耳的電子所含的電量也稱爲「法拉第常數」。他也曾是英鎊支票上的人像以及南極洲實驗室的名稱。在愛因斯坦的書房，只掛著三位科學家的肖像，分別是牛頓、法拉第與馬克士威。「如果沒有這三個人，現在也不會如此的進步，這三個人是牛頓、馬克士威以及法拉第。」愛因斯坦如此說道。

發現眞理的快樂是最棒的報酬

亨利
Joseph Henry
1797～1878

李伯伯這麼說

我們大家都知道英國的法拉第，很少人知道亨利，其實亨利也是傑出的科學家，他和法拉第一樣，都對電和磁之間的關係有很傑出的研究，因此我們將電感的單位命名為「亨利」，也就是1H。

****

亨利是華人比較陌生的科學家，可能因爲他是一個難以定位的人，他的科學成就非凡，改變歐洲科學界對於美國科學界長久以來的偏見。亨利也是一位卓越的發明家，他的發明包羅萬象。至於亨利的管理成就則可榮獲滿分，由於他卓越的組織領導能力，讓他的理念改變整個美國，向全世界宣示美國人的才能。

亨利誕生於1797年12月17日，在亨利誕生前，美國只出過一位科學家富蘭克林。不過富蘭克林既是政治家、外交家、又是發明家，甚至還是知名作家，所以大部分都忘記美國曾經有這麼一位

科學家。

自從富蘭克林進行轟動全歐的電磁研究後，在這期間的七十年裡，電學研究在美國早已乏人問津，美國父母也不會鼓勵小孩長大要當科學家。

亨利是十七世紀移民美國的蘇格蘭清教徒後裔，父親是一位貧苦的車夫，從小亨利就被送到鄉下，交給他的外祖母照顧。幸好亨利還有機會念小學，但是他依舊要去商店打工，賺點零用錢。

十歲那年，亨利不小心闖入教堂的藏書室，他在那裡讀很多小說和戲劇腳本，於是他展現人生第一個才華，不過亨利的才華並非數學，也非科學，而是說故事。大家都喜歡聽亨利說故事。

亨利的父親過世後，亨利便中輟學業，回到城市裡謀生。由於亨利從小就會說故事，所以他的表達能力不錯，加上臉蛋清秀，身型修長，亨利便成為一位演員。他能飾演的角色非常多樣，而且演技非常好，觀眾朋友都很喜歡他。假使亨利後來沒對科學產生興趣，一定也會是美國史上的知名演員。

亨利在劇場演了四年戲後，在十八歲那年，不小心看到一本奇書《經驗哲學、天文學、化學普通講義》，這是一本有關科學的書，不過作者卻是一位神學博士。這本書讓亨利放棄演藝事業，決定改行成為一位科學家。

然而亨利只念過小學，要成為科學家，好歹也要念些書才行。不過，當時亨利只會說故事、演戲，他根本沒有上大學的資格。

　於是亨利就憑著自學苦讀，終於在二十二歲，以超齡身分被奧爾巴尼學院破格錄取，亨利進入大學之後，如魚得水，一共學了數學、化學、物理學、生物學和解剖學。在三年內，就以優異成績畢業。

　畢業後，亨利成為奧爾巴尼學會的會員，不久就向學會遞交人生第一篇論文，題目是〈蒸汽的化學和機械效能〉，這是一個了無新意的老梗題目，亨利也沒在論文提出任何新發現。但是大家卻意外地發現亨利的手很靈巧，他做的實驗器材真的很棒，似乎有機會成為一位實驗物理學家。

　當時亨利專注在電磁學，是所謂的「抽象科學」。因為當時電磁學只是一門科學，在現實生活中絲毫沒有任何實際用途。對於向來注重實用的現實美國人而言，「抽象科學」簡直無聊透頂，根本沒人想要研究。不過亨利的想法卻跟一般美國人不同，他認為「抽象科學」就是技術進步的基礎，如果能突破「抽象科學」，就能突破「實用技術」。

　於是，亨利就按照自己的想法與邏輯，開始致力於電磁學研究，他根據安培理論改進了當時不太理想的電磁鐵，在1828年，亨利製造出一台能夠產生強大磁力的電磁鐵。

　1830年，亨利比法拉第更早一年發現電磁感應現象，不過當時世界科學的中心在歐洲，亨利根本不知道遠在英國的法拉第正在作跟自己同樣的研究，法拉第也不知道遠在美國的亨利老早就捷

足先登。

究竟是亨利先發現電磁感應現象？還是法拉第先發現？這並不重要。因為亨利與法拉第的發現都是科學史上的一大里程碑，他們發現力學能與熱能都能轉化為電能，從此電磁學的實際應用範圍就此擴大。人類距離電力時代就僅差一步之遙。

1831年，亨利為耶魯大學製作一台大型電磁鐵，這台電磁鐵就是現代所有電動機的始祖。由於美國媒體大幅報導亨利創造的電動機原理，消息很快傳到歐洲。法拉第就是在亨利的基礎上，製作出有名的「法拉第感應圈」。

由於亨利一輩子的理念都是為了使「抽象科學」與「實用科學」能取得中庸，在亨利的年代，美國科學界普遍存在著重視技術發明而忽視基礎的科學研究，所以往往要借助歐洲人所發現的科學原理來開發新技術。因此美國優秀科學人才都在技術領域，基礎理論研究卻是乏人問津。亨利很想改變這個現象，於是下半生就轉變為科學組織的領導人，但是每隔一段時間，就會提出震驚科學界的科學發現以及非常實用的發明。

亨利在1846年出任史密斯森研究中心的第一任院長，他主張將董事會收益的絕大部分用於支持開創性研究，而且他不希望當年他與法拉第互相不知道彼此的憾事重演，所以他希望全世界都能及時知道美國人的科學成就，同時也要讓美國人能即時地了解世界科學界的最新動態。

除了當科學組織的掌門人外，亨利也繼續扮演萬能發明家角色，他在1847年建立世界上第一套電報氣象系統。同時，亨利也是電磁電報的先驅者，曾經幫助美國科學家摩斯（摩斯密碼發明人）創立大西洋兩岸實用電報機。亨利還發明繼電器，可以不斷加強信號，解決信號衰減的問題。

此外，亨利還推廣用豬油取代鯨油，成為燈塔的照明材料，為美國政府省了很多錢。他還製作當時世界上最棒的汽笛警報器，聲音可以傳到三十公里外。

亨利此生最重要的科學論文出現在1851年，他提出一份有關電磁傳播波動性的論文，大膽地預測電磁波的本質。當時根本沒任何科學家想到的理論，但卻啟發很多科學家，最後也被馬克士威概括在他的方程組裡。

除了電磁學之外，亨利在物理學的多項研究領域也留下偉大成就，例如：分子物理學、輻射熱、金屬擴散現象、磁光現象、氣象學和地球物理學等方面都進行卓越研究。這些成就都讓美國人引以為榮，鼓舞美國科學界的自信心，改變了歐洲人過去一百年來對於美國人的偏見。

不過亨利還有一個事蹟，足以讓他與法拉第一樣永垂不朽！就是他這輩子發明了這麼多東西，但是卻從未將自己的發明拿去申請專利，賺大錢發大財。

亨利的發明總是無償奉獻社會，他認為一位高尚的科學家追求

的科學成就並不是相關的經濟報酬，也不是名望。科學家的名望只是一種鞭策，可以讓自己的未來更加自覺，繼續為科學作出貢獻！

那麼亨利投入科學的真正原因是什麼呢？不為錢？也不為名？那究竟為了什麼？亨利說：「我所需要的唯一報酬就是發現新真理的快樂！」

1868年，亨利被推舉成為美國國家科學院院長，這是亨利一生最重要的職務，不過卻是個沒人要幹的苦差事，因為當時美國國家科學院已經負債累累，面臨關門大吉的問題。

除了負債外，美國國家科學院當時也充斥一些沒啥科學才能的鹹魚貨色，所以亨利進行史無前例的大改革，擺脫財務危機，並且吸引大批開創性科學研究的科學家進入國家科學院，進而刺激全美的科學研究風氣，讓國家科學院成為美國真正的科學中心。

亨利在國家科學院當了十年院長，1878年5月13日於華盛頓特區過世。

亨利過世後的十五年，芝加哥召開一場國際電學會議，各國與會代表一致通過以亨利的姓氏作為「電感」的標準單位，從此亨利就與安培、歐姆、法拉第諸位電學前輩一樣，成為世界通用的計量術語，這是第一次美國人的姓氏被當作科學計量上的標準單位，這可是美國科學史上的頭一遭。

十九世紀末期，在美國國家科學院的努力下，美國的科學組織

網已臻完備，這也預告二十世紀，世界科學中心將從歐洲轉移至美國的事實，所以諾貝爾獎頒獎至今，居然有50％的諾貝爾科學獎項由美國人囊括。

不過這個數據還不夠誇張，由於亨利在一百三十年前所作的努力，美國國家科學院素來以網羅世界第一流的科學家為目標，如果我們把非美國籍的美國國家科學院院士都列入計算，至今居然有75％諾貝爾科學獎項由美國國家科學院的院士獲得！

若沒有愛，科學將導致文明的滅亡

焦耳
James Prescott Joule
1818～1889

李伯伯這麼說

焦耳的貢獻就是指出能量可以互相轉換。他做了一個「功與熱轉換」實驗，如果重物往下移動，可使水中像螺旋槳的葉片轉動，這種旋轉會使水的溫度增加，重物往下降所消耗的是重力位能，水溫度增加，表示水中增加熱能，焦耳的實驗因此證實一件很重要的事：能量可以轉換。

****

焦耳生於1818年的平安夜，他的父親是一位釀酒廠老闆，同時也是一位非常傑出的音樂家。焦耳在五歲大的時候，被醫生診斷有脊椎側彎，讓他前後在醫院接受矯正治療七年，卻始終沒痊癒。

因為脊椎側彎而無法站直之，讓焦耳念小學的時候，向來都是全班同學戲弄嘲笑的對象，這讓他忍無可忍，只好休學回家。不過回到家後，焦耳的性格變得更加孤僻，而且也養成懶散的習

慣，每天都躺在床上看書，讓他的父親覺得非常傷腦筋。

焦耳的父親在無計可施下，想起道耳吞校長，道耳吞是英國的傳奇科學家，他一輩子都未曾上學過，但是十二歲就當國小校長，十九歲就當國中校長，就連已經六十八歲，道耳吞居然還在當校長，只不過他的學校除了校長外，就沒有別人！

焦耳被父親說服，欣然進入曼徹斯特松樹街的道耳吞學校就讀。不過各位不要一聽到學校這兩字，就覺得學生一定不少。這一間學校的規模向來迷你，在焦耳入學的時候，全校只有八位同學。但是令人嘖嘖稱奇的是，過了三十年後，焦耳與七位同班同學居然都成為名滿天下的知名科學家。

道耳吞的教學方式活潑且扎實，他經常會帶學生去郊遊，並在途中教導學生觀察、實驗、計算。而且道耳吞非常重視三角幾何，他認為這是訓練學生專心最好方法。此外，道耳吞的講義也是非常清楚，任何學生把講義拿出去出版，都會是一本很暢銷的科普書籍。不過焦耳只在道耳吞學校念了三年，道耳吞就不幸中風，逼得焦耳只好離開道耳吞學校，轉赴曼徹斯特大學繼續深造。焦耳每隔一段時間會去探望道耳吞，在病榻旁與道耳吞討論研究心得。

西元1835年，焦耳進入曼徹斯特大學就讀，但仍然不斷向道耳吞學習。大學畢業後，焦耳接手經營父親的釀酒廠，週六晚上則到曼徹斯特城聖彼得教堂參加唱詩班。

　　道耳吞一直鼓勵焦耳以「熱的本質」為研究對象，因為人類幾千年來，一直搞不懂「熱」是個什麼東西？人類知道摩擦生熱、鑽木取火，也知道將鐵加熱後丟入水中，水會變熱，但是卻沒人知道鐵器上的熱為何會到水中？

　　其實當時的科學界普遍認為「熱」是種叫做「卡路里」的物質，這種想法跟火也是一種物質同樣瞎猜。儘管這種想法很另類，但是卻是由流體力學之父白努利所提出，大師都這麼說了，後生晚輩豈能反駁呢？除非能夠提出充分的證據。

　　第一位質疑卡路里理論的人是美國科學家侖福特，他是一位脾氣火爆的加農炮製造專家，他認為熱根本不是什麼卡路里，而是經由磨擦產生，所以侖福特認為熱是由機械作功轉換而來，而且他還根據這個原理製造出人類第一台壓力鍋。雖然侖福特的說法很有道理，但是他情緒管理欠佳，動不動就跟別人吵架翻臉，所以根本沒人有耐心了解他的理論。

　　就算工業革命第一大功臣瓦特利用熱水產生推力的原理來製造蒸汽機，但是他終其一生還是搞不懂蒸汽機的熱原理，儘管他賺了非常多的錢。

　　於是道耳吞就把自己壓箱寶「原子論」搬出來，勉勵焦耳朝原子的方向研究，因為道耳吞認為熱是原子的運動，只不過需要非常精確的實驗才能證明，但是道耳吞已經垂垂老矣，他希望焦耳可以接下這個棒子，好好駁斥「熱是一種卡路里」這種瞎猜的說

法。

在道耳吞的指導下，焦耳逐漸走上科學實驗之路，不過他的實驗過程險象環生。某次研究用回聲來測量距離，焦耳的眉毛不小心被子彈射掉一截；又如有一次研究伏打電堆，不小心電暈釀酒廠工人和一匹馬。當焦耳具備精確的實驗技巧後，他便開始研究「熱」，最後藉由一個簡單的實驗裝置，焦耳發現利用機械作功產生的熱是一個定值，他稱之為「熱功當量」，這是一個從未被發現的常數。之後焦耳得到一個結論：「電流在導線中所產生的熱量，是電阻乘以電流的平方」，這個概念被稱為「焦耳定律」。

1842年，焦耳把自己的發現寫成論文投稿。不過當時科學研究的主流是電磁感應與公共衛生，所以焦耳的論文被嫌太過冷僻，屢屢被退稿，焦耳並不氣餒，他還是一再嘗試投稿。焦耳的表達能力不太好，不僅說得不好，也寫得不好，而且又喜歡把自己的研究題目扯到上帝，自然引起別人的不滿。最後，走投無路的焦耳只好鼓起勇氣找上名滿天下的科學家法拉第求救。

沒想到法拉第居然非常欣賞焦耳的理論，而且願意幫法拉第背書，有了貴人相助後，焦耳立即成為科學界閃閃發亮的新星。

最為焦耳感到欣慰的人莫過於焦耳的父親。他的父親立即在自己的釀酒廠內為焦耳蓋了一間實驗室，後來這實驗室又培養出更多科學家。當然，我們也不要忘記道耳吞校長，他能在有生之年

看到學生出人頭地，必然相當欣慰，可惜道耳吞隔年就過世了。

之後，焦耳研究範圍越來越廣泛，而且喜事不斷，除了歐洲各國給予他的學術殊榮外，他也結婚生子。婚後，焦耳學術成就更是不得了。首先他提出「電、磁、光、聲波、化學反應是不同型態的能量」之說，然後又精密計算出地球上空大氣層的厚度正好能提供足夠的阻力，將大部分的隕石化成灰塵，保護地球上的生命。

1850年，焦耳發表「心臟的動力來自化學能量，使血液在血管中的流動，能夠克服血管對血液的摩擦阻力」。隔年，焦耳又發表「純水是可以被電解的電解質」。1852年，焦耳與湯姆森共同發表石破天驚的「焦耳—湯姆森效應」，這是冷凍工業發展的基石，也促成日後冷氣機與電冰箱的發明。

不過焦耳的好運暫且走到這裡，因為他的夫人在生第三胎時難產而病倒。焦耳放棄一切，在家陪伴妻子一年多，陪她走完人生最後一程。焦耳夫人過世後不到幾天，克里米亞戰爭便爆發了。焦耳轉而照顧傷兵，一照顧又是兩年。

1856年4月，在科學界消聲匿跡整整四年的焦耳終於重返科學界，他發表《物體在空氣中高速運動時表面的散熱作用》，同時也設計出高度靈敏氣壓計，並且開始研究暴風雨、冰雹與閃電形成的熱機制。比起他的全盛時期，重作馮婦的焦耳的科學研究並不算多，因為他的興趣已經轉向人文關懷與教育，他開始批判工

業革命的負面現象，同時他也支持美國南北戰爭的北軍。

　　焦耳年事漸長，當健康走下坡，他想起恩師道耳吞之的生前行誼，決定要在人生最後的時光效法道耳吞，全心致力於教育。不過焦耳跟恩師的教育方式有些不同，道耳吞喜歡帶著學生去郊遊學科學，而焦耳則是喜歡帶著學生去海邊散步學科學，最後焦耳的學生裡頭，也出了一位科學家「流體力學大師」雷諾。

　　焦耳病逝於1889年10月11日，留下兩張紙條，第一張是留給全世界的人，焦耳寫道：「將科學用在戰爭武器的研發將導致人類文明的滅亡。有些科學家認為研發毀滅性的武器是為了恫嚇對方，終止戰爭。這種看法不合理，因為戰爭的本質，只有殘忍與毀滅。研發武器的科學家並非戰爭的決策者，只不過是好戰政治家的工具罷了！」

　　第二張紙條則是留給自己的學生：「有人了解歷史上的每件事情，能夠講出每一種方言，能夠準確敘述每一種形而上的觀念，能夠解出所有科學與工程的複雜難題；但若沒有愛，就不知該如何將所學放在正確的位置上！」

　　後人為了紀念焦耳在熱學上的卓越貢獻，將能量的單位命名為「焦耳」，並用焦耳姓氏的第一個字母「J」來標記熱量。

在數學公式裡
發現電磁波

馬克士威
James Clark Maxwell
1831～1879

李伯伯這麼說

馬克士威是第一個人提出這個重要的觀念：世界上存有電磁波。他是怎麼樣想出這個結論？我們必須知道，馬克士威是一位數學家，他根據當時的一些科學家如高斯、安培和法拉第所整理出來的一些方程式，又加入自己的想法，然後他利用這些方程式導出電磁波的波連，這些方程式稱之為「馬克士威方程式」。

****

過去這一百年來的近代物理學有兩大支柱，分別是量子力學與相對論。至於一百年前的古典物理學則有四大基石：力學、電磁學、光學，以及熱學。如果您想要對古典物理學有個粗淺了解，其實並不難，因為您只需要認識兩個人，他們是站在古典物理學之巔的兩位大師，牛頓與馬克士威。

馬克士威的科學成就眾多，最著名的成就莫過於整合電學、磁學、光學的基本定律，這就是馬克士威在1865年發表的「馬克士

威方程式」，將物理學三大分支之精髓集大成。

　　馬克士威將電學三大前輩庫侖、安培與法拉第的畢生研究絕學整理成四個電磁場理論。其珍貴處在於這是一種「一般性定律」，也就是說，在各種情境下皆可使用，科學家只要對這四道方程式詳細分析，即可預測先前不為人知的電磁現象，尤其是電磁波，更是好幾世紀哲學家與科學家百思不得其解的問題。

　　馬克士威在1831年6月13日出生於英國愛丁堡，家境小康。馬克士威八歲喪母，父親一肩挑起教育的責任。馬克士威與父親的感情非常融洽，在父親的指導下，不滿十歲的馬克士威就隨同父親去愛丁堡科學院旁聽科學報告。

　　1841年，十歲的馬克士威進入愛丁堡中學就讀，不過馬克士威的蘇格蘭腔調太重，個性又靦腆，穿著又土裡土氣，經常受到同學的嘲笑，大家都叫馬克士威為鄉巴佬。不過馬克士威很快就讓同學們刮目相看，除了他最拿手的數學稱霸全校，甚至連跟數學風馬牛不相及的詩歌，他也勇奪全校第一。從此大家都叫他神童！

　　這位神童在十四歲就展現讓大人驚訝的神蹟。某次，他跟著父親參加愛丁堡皇家藝術學會的會議，無意間聽到關於橢圓形的報告，讓他對如何畫橢圓產生興趣。他回家後，發憤圖強，拚了一篇論文〈論橢圓、蛋形曲線的繪製與其數學公式〉，想投稿愛丁堡皇家學會學報。

不過馬克士威把寫好的論文拿給父親過目時，父親嚇了一大跳。驚嚇之餘，父親依然保持鎮定，帶著論文去找愛丁堡大學的教授瞧瞧，沒想到教授一看完論文後，更為驚訝，因為據他了解，似乎只有十七世紀的法國數學家笛卡兒曾經研究過這個問題。

因為馬克士威的論文實在讓人驚艷，所以愛丁堡大學動員一群教授調查，看看馬克士威是不是抄襲那位數學家的著作，結果始終查不到。最後馬克士威的論文被送到愛丁堡皇家學會，所有會員都感到吃驚，因為內行人都知道馬克士威寫的公式跟笛卡兒的確很像，但是運算方法不同，而且他寫得比笛卡兒還要簡潔。這時馬克士威不只在學校被稱為神童，他在整個愛丁堡，都算是神童！

馬克士威就靠著超高的數學造詣，一路過關斬將，從愛丁堡大學畢業就轉赴劍橋大學三一學院繼續深造，二十三歲就取得博士學位，畢業之後立即成為馬黎沙學院自然哲學的教授。

從1855年開始，馬克士威便研究電磁學，他在1856年發表一篇有關土星光環穩定性的論文，榮獲亞當斯獎。

當時馬克士威認為土星光環不可能是固體，若是固體將會因為不穩定而碎裂，他覺得土星環是由為數眾多的小顆粒所組成，而且每層都獨立地環繞著土星。不過，當時也沒人可以證實馬克士威所言屬實，因為大家根本無法眼見為憑，直到馬克士威去世

十八年之後，美國的天文學家基勒才透過光譜學研究，證實馬克士威四十年前提出的學說。

除了土星光環外，馬克士威做的都是理論工作，他嘗試用自己的最強項數學，整理前輩科學家的研究結果，寫成正確的數學式。

馬克士威最熱中研究的科學家便是法拉第，他仔細研究法拉第的所有著作，對法拉第所有實驗報告和筆記都如數家珍！

其實，任誰也知道法拉第跟馬克士威有著極大的不同。法拉第是科學史上最棒的實驗物理學大師，他所倚賴的是豐富的想像力與苦幹實幹的超強毅力，但是法拉第的數學能力並不理想，無法用精確的數學語言陳述物理思想。但是馬克士威的數學能力超強，他有本事用數學將法拉第的物理思想發揚光大。除了闡述法拉第的思想之外，馬克士威也希望用自己的數學能力將已故的電學前輩，如庫侖、安培等人的物理思想一併發揚光大！

馬克士威的數學本領真是出神入化到極致，不但提了一組堪稱完美的方程組，甚至還在這些數學式中尋找新的物理現象。最神的是，馬克士威竟然用紙筆就可以推算當時誰也無法證實的電磁波，而且連波速都計算出來。

基本上，馬克士威繼承法拉第的基本物理思想，但改以「場」來取代假想的「力線」，用電場與磁場作為基本物理量。最後以數學式向物理大師們致敬，擘畫四套可以涵蓋宇宙間所有概念的

方程式。

1865年底，馬克士威決定辭去教職，專心於科學研究和英國文學研究（別忘了，馬克士威小時候是詩歌比賽冠軍），開始撰寫他的畢生絕學《電磁學通論》。不過馬克士威一決定要專心，卻似乎馬上又分心了，因為他竟然開始研究熱力學，並且在1866年與奧地利物理學家波茲曼提出了《馬克士威──波茲曼分布定律》，啟發後代統計熱力學的思想開端。

經過八年時間的努力，馬克士威終於在1873年出版《電磁學通論》，這是囊括過去一百多年來，所有大師如庫侖、厄斯特、安培、法拉第等人的智慧結晶。

《電磁學通論》這本書在科學史上的重要性，只有牛頓在1687年的那本《自然哲學數學原理》與達爾文在1859年的《物種起源》差可比擬。因為馬克士威終於把古典電磁學完全統一，用系統化的方式完整闡述電磁學理論。

馬克士威在這本書上大膽地向世人宣布：「世界上的確存在了一種看不見、摸不著，卻充滿虛空的電磁波。」由於他的預言實在聳動，激怒了守舊派學者，卻引起科學界的好奇，所以馬克士威的新書一上市，馬上就被一掃而空。

不過新書的暢銷僅是曇花一現，任何新理論的誕生，依舊得經過科學界嚴峻的考驗。因為《電磁學通論》實在太難，當時能夠讀懂它的人並不多。再者，馬克士威言之鑿鑿地宣稱電磁波存

在，但是沒人可以證明，實在太沒說服力了。

半年後，馬克士威的支持者只剩下劍橋大學的青年科學家，但是這些都是他的學生，學生不勉強支持一下教授的理論，似乎也說不過去。幸好馬克士威還有一位海外知音，他就在遠在德國的物理學家亥姆霍茲。但亥姆霍茲花了十幾年還是沒搞懂，幸好他的學生赫茲幫馬克士威平反，並且為其理論發揚光大的晚輩貴人。

自從《電磁學通論》被科學界冷落後，馬克士威便轉而投入教育工作，正好1874年，劍橋大學的卡文迪西實驗室落成，馬克士威便成為卡文迪西實驗室的首任所長。

馬克士威創設劍橋大學物理系實驗室，立意非常深遠。馬克士威在1871年就決定要創立這個實驗室，由劍橋大學校長威廉·卡文迪西的私人捐款作為籌建費用，至於卡文迪西實驗室的名字則是來自於英國化學家亨利·卡文迪西。

卡文迪西實驗室代表著一個劃時代意義，因為它是近代科學史上第一個專業化的科學實驗室，從前的科學家幾乎都要躲在自己家裡的地下室或小閣樓偷偷作實驗。但是自從有了卡文迪西實驗室後，科學家就光明正大地在舒服的空間裡研發科學新知。

馬克士威除了是一位傑出的物理學家與數學天才，他也是一位受人歡迎的講師，因為馬克士威的幽默感十足，尤其在課堂上講枯燥難懂的高深學問時，馬克士威每隔幾分鐘來講段笑話，逗得

學生哈哈大笑。

　　很遺憾馬克士威只擔任四年卡文迪西實驗室所長，之後健康逐漸惡化，於1879年9月5日病逝於劍橋大學，得年四十八歲。

　　前面提到馬克士威曾有有位海外知音亥姆霍茲。雖然亥姆霍茲始終無法為馬克士威的理論平反，但是他卻教出一位好學生赫茲，赫茲在1888年用自己設計的電磁振盪器證明電磁波的存在，也間接證明馬克士威的論點。

　　由於赫茲的傑出表現，人們才開始了解馬克士威的電磁理論的內涵，也肯定其完美性，成就人類十九世紀物理學發展最光輝的時刻。從那時開始，馬克士威便與牛頓並駕齊驅，一起站在古典物理學的最巔峰。

實驗手作達人

湯姆森
Joseph John Thomson
1856～1940

李伯伯這麼說

　　電子的發現應歸功於英國的老湯姆森。老湯姆森所用的儀器是一個陰極射線管，我們老式的電視就是利用這種射線管製作而成。如果在陰極射線管加上電壓，在螢幕上會看到亮點，可見一定有東西射出來。1897年，老湯姆森在射線管的中央加兩塊板，一塊連到正極，一塊連到負極。結果是陰極射線往正極偏過去，因此湯姆森知道陰極射線是由帶負電的粒子所構成的，當時他並沒有將這種粒子稱之為「電子」，是後人命名為電子。

****

　　1856年12月18日，湯姆森出生於英國曼徹斯特，從小聰明伶俐，父母不必太操心，他在十四歲就進入曼徹斯特歐文斯學院攻讀工程學，在校期間又轉而對物理學產生興趣，最後進入劍橋大學的三一學院就讀，成為牛頓與馬克士威的小學弟，不但拿到很難取得的史密斯獎學金，最後湯姆森便在劍橋大學待了四、五十

年之久！

　由於湯姆森傑出的學術表現，他在二十八歲就順利出任卡文迪西實驗室的主任，而且一當就是三十五年。

　當時湯姆森的研究重點是科學界長久以來眾說紛紜的爭議：「陰極射線到底是電磁波還是粒子？」。以英國為首的學派認為陰極射線是微粒，以德國為首的學派則認為陰極射線是一種電磁波。

　先來介紹陰極射線的來由。陰極射線是德國科學家普立卡在觀察放電現象時所發現的綠色螢光。1876年，德國科學家哥德斯坦又發現這綠色螢光是由放電管的陰極所放射，於是便命名為「陰極射線」。因為古希臘哲學家曾經把一種存在於虛空，無法證實的神秘物質稱為「乙太」（Ether），所以人們就把這種神秘兮兮的陰極射線稱為「乙太波」。有趣的是，目前全球運用最普遍的區域網路技術也叫做乙太網路（Ethernet）。

　由於湯姆森認為陰極射線是一種微粒，所以他在1890年與露絲小姐完成終身大事之後，便開始帶領卡文迪西實驗室的學生們一起研究陰極射線。不過，湯姆森的想法與他的英國科學家前輩道耳吞基本上相悖。因為道耳吞認為原子是不可分割，那麼原子裡頭怎麼會有其他微粒如陰極射線的存在呢？

　湯姆森研究陰極射線五年之後，他還是沒研究出個眉目，正好當年法國物理學家佩蘭做了一個不甚成功、被眾人質疑的實驗，

證實陰極射線帶有負電，於是湯姆森便從佩蘭的實驗找到靈感，動手改進佩蘭的實驗裝置，結果卻有驚人的大發現！

湯姆森運用自己製作的陰極射線管，用不同金屬材料作為電極，進行一系列的實驗。他發現陰極射線粒子是所有物質共同具有的帶電粒子，而這種粒子的尺寸又比道耳吞發現的原子和亞佛加厥發現的分子還要小很多，於是湯姆森將其稱為「微粒」。

畢竟湯姆森不擅長舞文弄墨，他的命名的確有點遜，所以有人認為既然湯姆森發現的東西是帶電的粒子，那麼為何不乾脆直接稱之為「電子」呢？從此之後，電子便成為原子、分子、離子之後，另一個微小粒子家族的新成員。

1897年4月30日是科學史上的一個重大日子。因為湯姆森選擇這天於英國皇家科學院的「星期五之夜討論會」正式發表研究論文，所以這一天又被科學界稱論為「發現電子的那一天」。湯姆森在這天所公步的論文打破道耳吞「原子不可分割」的概念，開啟原子內部的「新視界」，從此原子的內部結構便一步一步地被科學家所揭開。

1906年，湯姆森因為發現電子以及對氣體放電實驗的重大貢獻，故榮獲當年的諾貝爾物理獎。不過他並沒因為諾貝爾獎的殊榮而鬆懈研究計畫。過了七年，湯姆森成為世界第一位發現元素具有同位素的人，他還成功地從氖20中分離出氖22。

儘管湯姆森的科學成就非凡，但是他的教育成就更是不得了。

前文提到他在二十八歲就成爲卡文迪西實驗室的主任，他一做就是三十五年，期間還榮膺英國皇家科學院的會長。

然而，據說湯姆森是一位非常節儉且不好大喜功的主任，在湯姆森任內的卡文迪西實驗室，跟世界其他知名實驗室喜歡瘋狂添購設備的作風大異其趣，湯姆森不但不太買無謂的設備，反而要求學生必須動手製作研究所需的設備。

爲何湯姆森會那麼節儉呢？主要原因是他希望自己的學生不但要作實驗的觀察者，更是做實驗的創造者。

卡文迪西實驗室在他的卓越領導才華下，造就了八十二位物理系教授，二十七位當選英國皇家學會會員，八位被英國國王封爲爵士。

湯姆森最得意的學生就是拉塞福，他因爲證明放射性是原子的自然衰變，所以在湯姆森拿到諾貝爾物理獎之後的兩年，拉塞福也榮獲諾貝爾化學獎，而且之後還藉由 α 粒子撞擊金箔的實驗發現氫原子核，拉塞福發現的氫原子核在隔年也改名叫做「質子」！

除了教出好學生外，湯姆森也教出好兒子。他的兒子小湯姆森不但是物理學教授，研究領域也跟他的老爸相似。老湯姆森證明電子具有粒子的性質，駁斥陰極射線是電磁波的說法，所以榮獲1906年的諾貝爾物理獎。小湯姆森不遑多讓，不但證明電子具有粒子性質，而且也以「電子繞射」證明電子具有波的性質，這個

讓老爸與有榮焉的發現，讓小湯姆森榮獲1937年的諾貝爾物理獎。

老湯姆森與小湯姆森父子兩人的成就是科學史上的一大佳話，別的不說，至少老湯姆森能活著看到兒子的科學成就，就已經非常罕見了。

1940年8月30日老湯姆森在倫敦逝世，享年84歲。他生前所領導的卡文迪西實驗室，至今在科學界仍然具有相當的影響力，成立至今已經培育出二十八位諾貝爾獎得主。所以人們稱卡文迪西實驗室為諾貝爾搖籃，真的實至名歸。

有線電報的無線革命

赫茲
Heinrich R. Hertz
1857～1894

李伯伯這麼說

馬克士威僅僅導出電磁波的理論，在他的有生之年，他沒有能夠等到電磁波的存在被證實，而是後來的赫茲證實他的理論。赫茲的實驗相當有名，使他一舉成名，也因此使得我們將一秒鐘一週期叫做一「赫茲」。赫茲的實驗不僅證明電磁波的存在，也證明更重要的一點：電磁波的傳播速度是光速。

＊＊

　　赫茲在1857年2月22日出生於德國漢堡一個猶太家庭，赫茲從小就對聲音非常敏感，但是他卻絲毫沒有音樂天分，每次上音樂課都成了全班同學的災難。他的歌聲總是嚴重走調，老師只好請他站在走廊。雖然不會唱歌，赫茲卻有非常神奇的語言天賦，他在小時候就輕輕鬆鬆就學會希臘語、阿拉伯語，以及最難學會的梵語。

　　赫茲在高中畢業後才找到人生方向，因為整個暑假都窩在圖書

館裡，讀了許多有線電報的文獻，讓他對自然科學產生興趣，後來歷經轉學與兵役，赫茲終於來到夢寐以求的柏林大學就讀。在校期間，赫茲遇上一位貴人，德國物理學家亥姆霍茲，有幸成為他的學生，這對赫茲未來的事業有極大的助益。

在二十二歲的赫茲準備攻讀博士的時候，亥姆霍茲為赫茲量身訂做一個很棒的論文主題〈實驗證明絕緣體電介質極化和電磁力之間的關係〉。如果赫茲願意挑戰這個主題，亥姆霍茲還願意為赫茲設立一個柏林科學院獎以示鼓勵。不過當時赫茲的膽子太小，覺得這題目實在太難，遠遠超過自己能力所及，所以當場婉拒老師的好意，轉而選擇一個比較輕鬆簡單的論文題目。一年內他就順利拿到博士學位。

赫茲拿到博士學位之後，就留校擔任助教，繼續電學研究。在短短的三年之間，赫茲就發表十五篇擲地有聲的論文。這時英國大科學家馬克士威才剛離開人世，留下電磁波無法被證實的遺憾，讓馬克士威的電磁理論還是受到不少科學家的懷疑，正好赫茲的恩師亥姆霍茲也研究了好幾年馬克士威電磁理論，但是始終得不到成果，所以亥姆霍茲當初為赫茲量身訂做的論文主題其實就是為了補足自己與馬克士威的遺憾。

自從赫茲發現這個論文主題的奧妙後，他決定要專心研究電磁波，希望可以用實驗見證電磁波存在的客觀證據。赫茲一共花七年時間，設計出一個電磁振盪器，這個儀器可以觀察到電磁波的

反射、折射、干涉和偏振，不但可以證實電磁波的存在，還可以證明電磁波的速度等於光速。

赫茲不但為馬克士威證實電磁波的確存在外，還為馬克士威複雜的場方程式重新公式化，讓其簡潔有力，使得馬克士威的理論更能讓人接受。

當赫茲實驗成功後，有學生問他：「請問這種神奇的現象是否有機會實用？」赫茲含蓄地回答：「應該沒有任何用途！這只是一個實驗，我只是想要證實電磁波的確存在、證明馬克士威是對的！」

不過，赫茲真是謙虛過了頭，他除了證明馬克士威的論點絕對正確外，他同時也解決電磁波的反射、折射、極化、干擾及速度等種種問題。別的不說，光赫茲為實驗所設計的電磁振盪器，就啟發一位年僅二十歲的義大利年輕人的靈感，他想著：「我為何不能使用赫茲的電磁振盪器所產生的電磁波來通訊呢？」後來這位年輕人就成為無線電之父馬可尼。

赫茲的科學成就很快就被世人認同，並且揭開嶄新電子革命的序幕，英國數學家亥維賽便說：「三年前，電磁波到處都不存在，三年後，電磁波無所不在！」為赫茲的貢獻下了最好的註解。

可惜赫茲的身體一向不好，他在臨終之前還是拖著病軀，將自己畢生研究的心得寫成一本書，這本書也啟迪愛因斯坦等科學家

的科學觀念。可惜，赫茲在1894年1月1日還是不敵病魔，因為敗血症而英年早逝，得年37歲。

　　赫茲終身未婚，膝下無子。不過由他指導學業的姪子路德維希・赫茲卻很優秀！不但是量子力學的先驅，而且還榮獲1925年諾貝爾物理學獎。赫茲的姪孫也是不得了，創造超音波診斷醫學，這種儀器除了可以檢查肌肉和內臟，更為孕婦作產前檢查，造福無數人類！

根據事實，絕不猜想

拉瓦節
Antoine Lavoisier
1743～1794

李伯伯這麼說

拉瓦節是法國人，他將汞（水銀）在空氣中燃燒，空氣的體積
減少，而又產生礦灰，他將礦灰再度燃燒，發現所產生氣體的
體積和空氣當初減少的體積相等，因此認定空氣中有氧。普利斯
特里曾經發現氫可以燃燒，又發現氫在空氣中燃燒會產生少量的
水。拉瓦節更進一步的實驗，他將氫和氧燃燒以後，得到純水。
世人便知道水非元素，而是一種化合物。

****

　　在拉瓦節出現之前，化學的發展遠遠落後於天文學與物理學，
因為滿口胡言的煉金術士太多，導致化學根本稱不上是一門科
學。

　　由於希臘聖哲亞里斯多德的四元素說（風、火、水、土）流傳
了兩千年，所以在兩百多年前，人們總是認為水最後會變成土，
也認為火是一種物質，而非過程。甚至當時自稱為化學家的人們

都相信世界上有一種叫做「燃素」的神秘物質，當燃素神秘地出現時，任何東西便會開始燃燒。

然而，人們對於化學的所有誤解都被有一位素有「化學之父」之稱的拉瓦節一一澄清，不過拉瓦節本職卻是一位律師。

拉瓦節在1743年8月26日誕生於巴黎一個非常富裕的家庭，由於拉瓦節整個家族都具有律師背景，所以取得律師資格便成為拉瓦節求學時代唯一的目標。不過，他在校期間對於自然科學（天文、植物學、地質礦物學和化學）的興趣似乎比法律來得大。

為了滿足父親的期待，拉瓦節硬著頭皮在1761年進入巴黎大學法學院，並且順利取得律師資格。在課餘時間拉瓦節還是繼續學習自然科學，當時他對統治整個科學界的「燃素論」非常不以為然，拉瓦節壓根不相信世界上有「燃素」這種神秘物質！

1762年是拉瓦節的人生轉捩點，當時他才二十二歲，因為法國科學院舉辦一場設計大賽，以重金徵求讓路燈既明亮又經濟的好方法。拉瓦節興沖沖地參加比賽，雖然沒拿到半毛獎金，卻拿到由法國國王所頒發的金質獎章，這個獎章帶給拉瓦節極大的鼓舞，讓他更熱情地投入科學研究的領域中。

之後的幾年，拉瓦節成為地理學家蓋塔的助手，開始採集法國礦產、繪製法國地圖的工作，然後又研究生石膏與熟石膏之間的轉變過程，此時拉瓦節的才華開始獲得科學界的肯定，後來拉瓦節也順利成為法國皇家科學院的院士，成為一位名正言順的科學

家。

其實科學家始終不是拉瓦節最主要的身分，他這輩子所作過的科學研究，幾乎都是運用上班之前、下班之後的閒暇時間來完成。此外，我們可別忘記拉瓦節輝煌的家世背景，他自己與整個家族都具備律師身分，所以當拉瓦節在1768年成為法國皇家科學院院士的同一年，他也成為一位稅務官。

當時法國稅務官是一個超級肥缺，並不算是公務員。嚴格說，稅務官應該算是私人徵稅公司。因為稅務官負責向老百姓收稅，然後轉交給國王，中間一定會出現差額，而且這些差額還是政府認可、絕對合法的利潤！當時如果沒機會成為一位稅務官，也可以投資私人徵稅公司，一起分享利潤。

因為拉瓦節的家族之故，他一直有著投資私人徵稅公司的習慣，所以投資到最後，自己也成為一位稅務官。由於稅務官的工作既輕鬆又好賺，所以大部分的法國人都不太喜歡稅務官，這是法國帝制時代的一種奇怪制度，也是一種被迫要低調的職業。

1775年，拉瓦節被派往巴黎軍火庫進行國有化工作，設計出可以提高黑火藥質量的方法，讓法國槍械火力迅速提高，立下極大的功勞，也賺了不少錢，足以擴充自己的實驗室。

拉瓦節對化學的第一個重大貢獻就是發現火的本質，他狠狠地把「燃素論」徹底推翻，拉瓦節認為世界根本沒有燃素，因為他發現火根本就是氧氣與其他物質急速結合的過程。至於困擾人類

已久的問題「鐵爲何會生鏽」，拉瓦節也提出非常合理的解釋，他認爲鐵生鏽正好與燃燒相反，生鏽是氧氣與其他物質緩慢結合的過程。

五年之後，拉瓦節又宣步自己第二項重大發現。

人類自古至今，始終認爲空氣是一種元素，拉瓦節卻發現空氣是由4/5的氮與1/5的氧結合的化合物，氮是惰性氣體，氧則是活性氣體，是呼吸、燃燒、生鏽等作用不可或缺的物質。

又過了四年，拉瓦節又爲所有化學家上了一課，因爲他發現水並非元素，而是由氧與氫所組成的化合物。這下子，拉瓦節將流傳兩千年之久的「亞里斯多德四元素說」全部推翻了。

在1789年，拉瓦節發表一本集大成的教科書《化學基礎》，他在這本書提出質量不滅定律，也總結三十三種元素和常見化合物。由於拉瓦節之前的化學著作幾乎都艱深難懂，稍微淺顯易懂的書卻又充斥煉金術士的奇言謬論，所以《化學基礎》一問世，便成爲世界第一部化學教科書，讓零碎的化學知識逐漸清晰化，啓發許多科學家。

從此之後，所有化學家都受到拉瓦節的影響，因爲之前科學家沒有計量的習慣，但是當大家接受「質量不滅定律」之後，做化學實驗時便要開始仔細秤量化學實驗的成分重量。

雖然有人會說拉瓦節既沒有發現新物質，也沒有提出任何創新的實驗項目與方法，他只是在重複前人的實驗過程，並且推翻前

人的實驗結果罷了。不過這種想法真的非常不正確。因為拉瓦節帶給世人的是實驗的精神，他透過嚴格又合乎邏輯的實驗步驟來求得正確解釋，儘管這些解釋往往是個革命，但是尊重事實才是科學的精髓。我們從拉瓦節的座右銘：「根據事實，不靠猜想」就可以知道他為何如此偉大，足以影響後世成千上萬的科學家。

儘管大部分的從事科學研究的人對拉瓦節心服口服，有志於往科學之路前進的學子也都將拉瓦節視為偶像或是精神導師，不過還是有人完全無法意接受拉瓦節的理念。堅持「燃素論」的英國科學家普利斯特里便是其中最有名的一例，不過馬拉卻是最致命的一例。

1780年是拉瓦節發現火的本質之後的第六年，當時認為火是元素的「燃素論」已經漸漸式微，但是馬拉卻在此時帶著一篇證明火是元素的論文來找拉瓦節，希望可以藉此入選法國科學院的院士。拉瓦節眼見此論文的論述毫無邏輯，於是當場拒絕。

原本拉瓦節以為這是一件不足掛齒的小事，沒想到馬拉被拒絕後的第十一年，卻成為法國大革命雅各賓黨的領導人之一，雅各賓黨是由一群資產階級激進分子所組成，限制資產階級的投機活動為主要理念。

馬拉出版了一本小冊子來煽動民眾仇視稅務官，而且為了挾怨報復，馬拉在冊子裡直接點名這位該死的稅務官正是拉瓦節，他指控拉瓦節在煙草上灑水來增加重量，剝削老百姓。實際上，拉

瓦節是爲了「天乾物燥、小心火燭」的原因才灑水，秤重時則一律是以乾燥菸草爲標準，絕不占老百姓的便宜。

儘管拉瓦節百般解釋，但是法國大革命早已殺紅了眼，連法國國王都被革命分子拖去斬首，豈能饒過小小的稅務官？於是拉瓦節與其他二十七個稅務官就在一天之內被逮捕、審判、定罪，甚至是斬首。

當時有人請求法官能夠看在拉瓦節對科學的貢獻上，饒他一命，但是承辦法官卻說：「革命不需要學者！」於是，拉瓦節就此結束絢爛的51年生命。

拉瓦節的法國科學院同事拉格朗日目睹整個行刑過程，非常感嘆地說了一句千古名言：「砍掉拉瓦節的腦袋只需一瞬間，但是人類就算花上一百年可能也培養不出另一顆與拉瓦節同樣聰明的腦袋！」

所幸，拉瓦節死後不久，拿破崙一世奪得政權，他是一位非常尊重科學家的皇帝，他建立了巴黎綜合理工學院，讓法國科學家獲得很好的研究環境，法國科學研究也得以在法國大革命之後重新恢復生機。再者，拉瓦節生前所提出的化學觀念中，唯一欠缺的原子概念，也在他被處決的十四年後，由英國科學家道耳吞補充完成，讓化學得以快速穩定發展，製造出跟人類生活息息相關的嶄新應用。

大石頭、小石頭、細石屑……再來呢？

道耳吞
John Dalton
1766～1844

李伯伯這麼說

對於原子，首先將這個觀念講得最清楚的人應該就是道耳吞。道耳吞發現一氧化碳的製程有一個現象，那就是碳和氧的重量比永遠是12：16=3：4，而二氧化碳，碳和氧的重量比永遠是12：32=3：8。因此道耳吞提出他的原子說，根據他的說法，一氧化碳內部有一個氧原子，和一個碳原子，二氧化碳內部有兩個氧原子，和一個碳原子，他也說碳原子和氧原子的重量比是3：4，這是正確的想法。

****

在古早古早以前，人類總是喜歡思索石頭的問題，大家總是想著：「如果把大石頭敲開，就會變成小石頭、如果再把小石頭敲碎，就會變成小石屑，但是如果再把小石屑敲碎呢？那又會是什麼？」

關於這個石頭問題，希臘聖哲德謨克利特提出一個讓大家都很

滿意的解答。德謨克利特認為如果把小石屑一再敲碎，最後剩下的東西就是原子。所謂的原子是不可再分割的微小粒子。

其實，當時大部分的人都接受德謨克利特的看法，唯獨另外一位希臘聖哲亞里斯多德不表支持，因為他向來主張「四元素說」的理論，怎麼能容納德謨克利特的原子說呢？

由於亞里斯多德的知名度一直都比德謨克利特高，所以導致德謨克利特的原子論就被束之高閣兩千年之久，只有少數人偶爾會想起德謨克利特與他的原子說。接下來，我們要介紹的這位科學家就是認同德謨克利特的人，而且他還用化學實證加以證實，造成日後化學的重大發展！

這位科學家名叫道耳吞，他誕生於英國坎伯蘭的鷹田村，這是一個極其貧困的鄉村。道耳吞的父親是一位織布工人，他沒錢讓孩子受教育，所以道耳吞在十歲左右就被迫去當僕役，賺錢養活自己。不過道耳吞的老闆是位和藹可親的教士，對道耳吞向來不錯，讓道耳吞每晚都有自修的時間，所以他在兩年內就學會希臘文、拉丁文和法文。

從未上過學的道耳吞在十二歲的時候，終於獲得一個大好的上學機會，因為鷹田村的村民都很想讓自己的小孩獲得教育的機會，所以大家齊心合力把一個廢棄的穀倉改成一座小學，不過當小學落成之後，有位村民突然問了一個問題：「雖然我們有了學校，但是我們沒有老師呀？」所有村民當場楞住，因為大家居然

從未思索過這個問題。於是村民在無計可施之下，只好請道耳吞來當老師，而且還兼任校長。

於是道耳吞終於有機會上學，但是他的身分並不是學生，而是校長。

當了三年小學校長之後，道耳吞想要離開鷹田村這個窮鄉僻壤，去外面見見世面，順便看看自己到底有沒有求學的機會。結果道耳吞順利進入肯達耳中學，卻依舊無法當學生，而是老師。道耳吞就在肯達耳中學窩了四年，最後又成為年僅十九歲的中學校長。

當道耳吞二十五歲的時候，他赫然發現自己居然前前後後當了九年校長，卻還是從未當過學生，因此悶悶不樂，決定放棄教職，跑去曼徹斯特，看看這個先進的大城市，能不能讓他的人生有新的方向。

無奈的是，道耳吞到了曼徹斯特之後，依舊從事教職，只不過這次在學院裡教書，算是更上一層樓，有時道耳吞也會去有錢人家的家裡當家教。這些收入已經足以支持他進行科學研究。

道耳吞的科學研究從1787年的氣象日記開始，隔了六年之後，道耳吞才發表第一篇論文《氣象觀測和評論》，漸漸引起科學界對他的注意。後來道耳吞把自己的科學研究焦點逐漸轉移到在自己身上，因為他始終忘不了一件童年往事。某年聖誕節，道耳吞買了一雙深藍色的襪子送給媽媽。但是媽媽卻很不開心，因為她

是清教徒，非常不喜歡深紅色的東西。但是道耳吞認為買的襪子明明就是深藍色，為何媽媽卻要說成深紅色呢？

於是母子兩人吵起來了，驚動了左鄰右舍，一起加入評評理的行列。沒想到整個鷹田村都一致公認那雙襪子確實是深紅色。這時道耳吞覺得自己一定有問題，怎麼會把深紅色看成深藍色？長大之後，道耳吞開始研究自己的眼睛，不但發現自己是個色盲，而且還發現色盲還跟遺傳有關係，於是道耳吞成為全世界最早描述色盲的人，也是全世界第一位提出關於色盲論文的科學家。從此，色盲引起全球的廣泛重視，而色盲的英文也就叫做Daltonism（道耳吞症）。

研究完自己的色盲問題後，道耳吞又回到他最關心的氣象學，這回他開始研究氣體與水之間的關係。道耳吞只研究了兩年，居然就研究出一個名堂，他在1801年提出「分壓定律──混合氣體的壓力等於在同溫下各個氣體在同一容器中壓力之總和」。不過，在同一年，美國科學家亨利也提出了「亨利定律」，這個定律深深吸引道耳吞，讓他轉而思索氣體原子量的問題，因為他想起德謨克利特。

1803年9月6日，道耳吞提出化學史上第一張有六種簡單原子和十五種化合物原子的原子量表。道耳吞告訴人們元素就是由同一種原子所組成的物質，由兩種以上原子所組成的物質則叫做化合物，原子不可分割、不可製造、也不會消滅！所以煉金術士的

「煉鐵成金」之說絕對不能發生！

道耳吞的發現讓他一下子成為科學界名人，也成為英國皇家學會的會員，榮獲金質獎章，法國科學院與德國科學院也授予他名譽院士。不過道耳吞並未被一連串的榮耀給沖昏頭，他又繼續研究了五年，為自己的理論提出極有說服力的論證。他在1808年出版一本《化學哲學的新體系》，將自己的原子理念一次說清楚。

由於道耳吞的這本書論證十分清晰，概念正確，不但足以統合化學領域，也對物理學發展造成了重大影響，讓化學研究出現飛快的發展。在《化學哲學的新體系》問世的五十年內，科學家就根據這本書的理論而發明了各種肥料、染料與炸藥，在《化學哲學的新體系》問世的一百年內，科學家又接連發明了塑膠、人造纖維、維他命與荷爾蒙。至今為止，科學家已經運用道耳吞理論創造出近百萬種有用的新物質。

雖然道耳吞的理論幾近無懈可擊，但並不代表道耳吞的所有想法都正確無誤。就在同年，法國化學家給呂薩克發現氣體反應的體積定律，這是針對道耳吞原子論的一次論證。雖然給呂薩克定律並無錯誤，但是道耳吞就是無法認同。後來瑞典化學家貝齊力烏斯又提出用字母表示元素的新方法，這種易寫易記的新方法被大多數人接受，但是道耳吞依舊反彈到底，直到死前都不願意接受新元素符號。

最讓道耳吞不能接受的理論尚有亞佛加厥的分子論，因為原子

是比分子更小的東西，所以道耳吞實在嚥不下這口氣！但是科學的進展便是如此，永遠是一山還比一山高！在十九世紀末期，湯姆森又發現了比原子還小的電子。最近四十年來，科學家則是發現比小到不能再小的夸克。

晚年的道耳吞，生活過得不太如意，所以他在曼徹斯特的小房屋裡又重操舊業，開起道耳吞學校。也由於道耳吞終身未婚，朋友也不多，所以道耳吞學校的教職人員依舊只有他一位，自己一個人校長兼撞鐘。不過道耳吞很會教書，造育英才無數，不虧是永遠的校長！至於道耳吞最後教的一位學生，也正好就是他最得意的學生：發現「能量守恆原理」的焦耳。

除了教書之外，道耳吞依舊維持著觀察天氣的好習慣。過去六十年來，道耳吞每天會把將當時的氣壓和氣溫記錄在觀測日記上，所以他一輩子曾經記錄過二十萬則天氣觀測。

在道耳吞人生最後的十五分鐘，他在觀測日記寫下「今日微雨」後，便陷入昏厥，在醫生尚未抵達之前，道耳吞已嚥下最後一口氣，享年七十八歲。

抽絲剝繭的科學律師

亞佛加厥
Amedeo Avogadro
1776～1856

李伯伯這麼說

　　在1811年，亞佛加厥說氣體內的最小個體是分子。因此亞佛加厥應該是第一位提出分子觀念的人。亞佛加厥更精釆的理論是：在相同溫度和壓力下，在相同的體積內，不同氣體含有相同的分子數目。

****

　　亞佛加厥在1776年8月9日出生於義大利杜林，當時杜林是歐洲非常富裕的城市，而亞佛加厥的家庭正好是杜林最知名的律師家族，這個家族所有成員的人生目標就是成為一位律師。不過，從亞佛加厥的童年，看不出他有成為律師的潛質。儘管他有雙明亮的大眼睛，臉蛋卻長得有些詭異，身材也比其他同齡小孩瘦小，動作更是遲緩。種種的劣勢，造成亞佛加厥從小功課就不好，運動也不好，人緣更是差，讓整個家族都感到蒙羞。

　　不過亞佛加厥的父親卻發現他的長處，他認為自己的兒子擁有

超強的抽象推理能力，亞佛加厥可以把一件極度複雜的事情，用抽絲剝繭的方式解釋得很輕鬆。亞佛加厥的父親認定他未來是律師的料，於是亞佛加厥勉強念完中學後，就進入杜林大學就讀法律系，承繼家族的光榮傳統。

果然，之後的幾年，大家深深佩服亞佛加厥父親獨具慧眼。誰也沒想到，亞佛加厥自從進入大學之後，居然可以把許多看似獨立的案件重組成基本通則，也可以將所有細節有條不紊的表達出來。這等才華不但讓亞佛加厥成績突飛猛進，十六歲就拿到法學學士學位，二十歲時又拿到宗教法的博士。他除了功課好之外，人緣也是超好，簡直就是杜林大學的學生王子！

擁有如此卓越的法律才華，亞佛加厥一畢業後就立即成為律師。不過他只當了幾年律師就開始感到厭煩，因為實在無法忍受每天喋喋不休的爭吵和爾虞我詐的鬥爭。於是他放棄了律師工作，改而研究數學、物理與化學。

在亞佛加厥二十七歲的時候，他向杜林科學院提交一篇風評甚佳的論文，讓他獲得極大的鼓舞，隔年還成為杜林科學院的院士，讓他更下定決心朝科學研究之路邁進。由於亞佛加厥在科學研究領域的表現非常傑出，他三十三歲時就順利成為維切利皇家學院的數學物理教授。就在亞佛加厥事業順利的同時，英國的道耳吞也出版一本震撼科學界的奇書《化學哲學的新體系》來闡述自己的原子理念，引起亞佛加厥的好奇。

　　在當時，道耳吞的理念並非放諸四海皆準，反彈的人並不在少數。法國科學家給呂薩克就是其中名聲最響亮的一位。道耳吞與給呂薩克隔著英吉利海峽，展開長達十幾年的學術爭論。雙方各持己見，毫不相讓。

　　這時，曾經是知名律師的亞佛加厥跳了出來，用他豐富的法律素養，分析給呂薩克和道耳吞的氣體實驗，然後再抽絲剝繭把道耳吞與給呂薩克的爭執焦點深入剖析。亞佛加厥發現矛盾之處，於是他便提出一篇名為〈原子相對質量的測定方法及原子進入化合物的數目比例的確定〉的論文化解道耳吞與給呂薩克之間的衝突。

　　亞佛加厥的論文就是著名的分子假說，這個論文不但誕生了一個新名詞「分子」，也誕生一個流傳後世，全世界所有學生都要背誦的亞佛加厥定律。這是解釋氣體體積、壓力、溫度與分子數之間關係的定律。

　　當時亞佛加厥並未化解道耳吞與給呂薩克之間的紛爭，因為他們的衝突不但永遠沒完沒了，亞佛加厥的分子假說也被晾在一旁，並未獲得來自於科學界的任何重視。儘管如此，鬥志驚人的亞佛加厥還是不打算放棄，他又花了十年時間繼續闡述分子假說。可惜十年之後，依舊沒有任何科學家支持他，但是亞佛加厥還是很有自信地認為分子假說未來會成為化學的基礎。

　　輾轉又過了十年，永不放棄的亞佛加厥又出版四大冊的物理

學。用他最擅長的推理手法，寫下有名的理論：「在相同的物理條件下，氣體相同的體積，含有相同數目的分子。」只可惜當時的科學家還是無法明白他的理論。但亞佛加厥自己心知肚明，他並不是為了贏得別人的掌聲才研究，他預言下個世代的科學家將能明瞭他的理論。

在亞佛加厥分子假說問世的第四十五年，依舊只有極為少數的科學家願意承認分子假說，但此時的亞佛加厥已垂垂老矣。等不到自己理論被接受的那天來臨，他於1856年逝世，享年八十歲。

亞佛加厥過世三年後，義大利化學家坎尼乍若設計一套嚴謹的實驗，進而證實亞佛加厥的分子假說，終於還給亞佛加厥一個遲來的公道。

雖然亞佛加厥大半輩子都在為分子假說努力，但生前卻從未獲得任何榮譽與頭銜，甚至從未離開過義大利。但是亞佛加厥歷經四十八年才被科學界承認的分子假說，卻讓他死後贏得人們的一致推崇。

在1911年，為了紀念亞佛加厥定律提出100週年，杜林學院建造亞佛加厥紀念雕像。在1956年，義大利科學院為了紀念亞佛加厥逝世100週年，舉辦了盛大的紀念會，與會者一致推崇亞佛加厥為人類科學發展作出卓越貢獻，永遠為人們所崇敬。

會說宇宙語言的
化學字母大師

門得列夫
Dmitri Mendeleev
1834～1907

李伯伯這麼說

門得列夫的手稿週期表和我們現在熟知的週期表看來不太一樣，一來是因為近代的科學家陸續發現好多新元素，二來現在的週期表更強調「週期」。門得列夫的週期表看起來有些亂，其實極有意思。他在無法解釋的元素前面標了個問號，顯示這位大師的謙遜，對於自己不懂的地方，絕不掩飾，而且勇敢承認。

****

門得列夫出生於西伯利亞的托博爾斯克市，他與美國的富蘭克林有個巧合，他們都是家裡排行第十七的老么。

原本門得列夫的家境算是不錯，因為父親是位小學校長，母親則開了一家生意興隆的工廠。不過，在十八歲那年，門得列夫的人生遭逢困境，他的父親不幸過世，母親的工廠則遭祝融之災，毀於一旦。

儘管家道中衰，門得列夫的母親非常重視這位小么兒的教育。

她變賣家產，帶著門得列夫在俄國境內到處尋找學校，最後進入聖彼得堡高等師範學校就讀，還申請到一筆獎學金。但是在門得列夫順利成為大學新鮮人後不久，母親卻生了重病，沒多久便撒手人寰，留下「遠離幻想，堅持成果而非誇言，耐心追求神聖科學領域」的遺言給門得列夫。

母親過世之後，門得列夫發憤用功讀書，1855年以極為優秀的成績從大學畢業。不過畢業後，門得列夫被診斷出肺結核，被迫到克里米亞半島休養。當時克里米亞半島正爆發人類史上的第一次現代化戰爭，電報、火車、鐵甲船、有火藥的炮彈首次出現在戰場上。

克里米亞戰爭迫使俄國退出克里米亞半島，更堅定俄國改革的決心，期許成為一個現代化國家。門得列夫正好躬逢其盛，獲得德國和法國的留學機會，準備大開眼界。

門得列夫先在法國雷諾實驗室做研究，又去德國海德堡進行流體的毛細現象，以及光譜儀製作的研究，與德國化學家本生學習光譜學，接著又遇上義大利化學家坎尼乍若，向他學習精密原子量測量法。門得列夫的功力在兩年之內突飛猛進。

回到俄國後，門得列夫完成博士論文，成為聖彼得堡大學化學系教授，出版一本五百多頁的有機化學教材。門得列夫這輩子一共將這份教材前後修改八次，最後修正完畢的決定版名為《化學原理》，成了過去一百多年來，全世界最膾炙人口、最多學子閱

讀的化學教科書。

當門得列夫在有機化學獲得成就之後，他的研究方向逐漸轉向無機化學的領域。門得列夫認爲化學元素是構成宇宙語言的字母，如果可以解開化學元素的結構秘密，便可解開宇宙的起源。如果可以找出所有元素與物理、化學性質有關的邏輯關聯性，那麼他在化學界的地位，就如牛頓之於物理學、達爾文之於生物學。

在門得列夫的年代，科學家已經發現六十三種不同的化學元素，也知道這些元素均由不同的原子構成，雖然每種原子各有其獨特性，但也有些元素的性質相仿，可以歸類爲同一族群。儘管如此，化學元素之間依舊找不到規律性，訊息也無法條理分明，這是門得列夫一直努力的方向。

門得列夫就這麼研究了十三年，當他陷入困頓時，會玩撲克牌來打發時間。結果某天他發現撲克牌的數字與花色的排列方式似乎跟元素的族群與原子數有異曲同工之妙，撲克牌啓發了門得列夫的靈感。他發現這些元素在有規則的數字間隔後，會重複出現類似的性質，似乎即將找到化學元素的規律性。

門得列夫在1869年首度發表元素週期律時，當時沒有幾位化學家認可他的想法。由於門得列夫在發表之初，曾經爲「未知元素」預留空位，沒想到他所預言的未知元素居然陸續被發現，而且這些元素的性質與當初的預言驚人地吻合！於是門得列夫便正

式成爲國際化學界公認的大師。至於門得列夫順勢推出的第八版
《化學原理》便成爲全球學子的標準教科書，影響了一代又一代
的化學家。

雖然門得列夫被尊稱爲「化學之王」，並擁有上百個榮譽學位
及院士頭銜，門得列夫卻因爲曾經在1890年支持學生示威運動，
不但被迫離開教職，一輩子再也沒有機會進入俄國科學院。

不過，無法成爲科學院院士，支持示威運動只是其中原因。最
大的理由是門得列夫曾經有「重婚」紀錄，這是以東正教爲主要
信仰的俄國人最不能忍受門得列夫的地方。再者，門得列夫個人
形象實在不優，他永遠都是以「白髮老巫師」的形象出現，一年
只剪一次頭髮。更令人難以置信的是，門得列夫都是找當地的牧
羊人用羊毛剪幫他剪頭髮，從來都不願意找眞正的理髮師。

門得列夫與俄國科學院無緣也就罷了，他居然也與諾貝爾獎無
緣，因爲他曾經批判瑞典科學家阿瑞尼士的《解離說》。所以當
他在1906年被提名諾貝爾化學獎的時候，正好阿瑞尼士正是評審
委員之一，於是阿瑞尼士便在瑞典皇家科學院帶頭批評門得列夫
的成就，讓門得列夫無緣榮獲1906年的諾貝爾化學獎。

原本門得列夫還以爲有再度叩關諾貝爾獎的機會，可惜他在
1907年不小心罹患上流行性感冒，進而引發心肌梗塞，最後在
1907年2月2日過世，享年72歲。

雖然沒有諾貝爾獎的肯定，世人還是非常懷念門得列夫對於科

學的卓越貢獻，所以加州大學柏克萊分校在1955年所發現的第101號元素：鍆（Mendelevium）就以門得列夫的名字來命名。另外，在月球的背面也有一座山被命名為門得列夫環形山（Mendeleev Cater）。

至於門得列夫在1869年發明的化學週期表，現在又有多少種元素呢？答案是116種。不過其中只有88種是自然存在的元素，其餘都是實驗室製造出來的人造元素。再者，114與116號元素是2011年6月才獲得通過，已經等候八年之久的113號和115號元素目前尚未獲得科學界的承認。

眾人的冷水也潑不滅的堅持

阿瑞尼士
Svante Arrhenius
1859～1927

李伯伯這麼說

很多人都知道鹽水可以通電，卻無法明確清楚為何如此。真正將這個事情弄清楚的人是阿瑞尼士，瑞典的化學家，他認為鹽水即使不通電也會有離子，鹽本身就沒有這種性質，純水也沒有這種性質，因此他說鹽水本身就有正離子和負離子，即使沒有電壓，這些正負離子也都存在。

****

阿瑞尼士出生於1859年2月19日，他的父親是一名受雇於大學的土地測量師，對於數學非常在行，所以阿瑞尼士從小展現出算術天賦，求學時代也順理成章地以數學見長。

阿瑞尼士十六歲就進入烏普薩拉大學，他並不是一位安分守己的學生，他認為大學裡頭的物理與化學的師資很爛。儘管他不停地抱怨，他還是照樣用功讀書，順利從大學畢業，而且還順利進入瑞典科學院的物理研究所工作，同時攻讀博士學位。

　　原本阿瑞尼士在物理研究所的工作是負責協助教授測量電動勢，不過，他很快就開始不理教授，轉而研究自己感興趣的領域。由於阿瑞尼士當時對於電解質的導電性最感興趣，所以很快研究出心得。他發現食鹽溶液與蔗糖溶液在某些性質上存在顯著差異，決定以此發現作為博士班的畢業論文。不過，當他與指導教授提出論文題目時，就被潑了一大桶冷水，指導教授認為阿瑞尼士的發現簡直是沒有根據、胡說八道。儘管阿瑞尼士受到羞辱，他還是堅持不改變論文題目。

　　如果單以畢業論文而言，阿瑞尼士在1884年所提出的論文稱得上是科學史上最棒的一份畢業論文。這篇論文說明電解質在水中會分解成帶正電的離子和帶負電的負離子，而且這些離子在電解反應時可以承載電流，還具有化學活性。這就是日後轟動全世界的《解離說》，只可惜當時阿瑞尼士的師長們卻相當不以為然。

　　為何阿瑞尼士的師長們無法接受阿瑞尼士的《解離說》？主要原因就是兩位偉大的英國科學家——法拉第與道耳吞。

　　其實阿瑞尼士的研究並無新意，法拉第在幾十年前已經研究過電解質在水溶液中的導電情形，法拉第將往正極移動的粒子稱為「負離子」，往負極移動的粒子稱為「正離子」。不過法拉第始終沒有搞懂離子到底為何物，但是阿瑞尼士的「解離說」卻提出了解答，只是當時沒人相信這是一個解答。全是因為大家覺得阿瑞尼士人微言輕，憑什麼挑戰法拉第的金科玉律。

再者，阿瑞尼士所指的離子就是所謂「帶電的原子」，但是道耳吞明明就說原子不能分割，既然原子不能分割，又怎麼能帶電呢？這簡直違反常識。

總之，阿瑞尼士的論文審查會進行得非常不順利，每位教授都指責阿瑞尼士的論文簡直荒謬透頂！這場論文審查會被迫開了兩天，開完後教授們又關著房門，又接著吵了四小時，最後才形成共識，讓阿瑞尼士的論文以最低分過關。所以阿瑞尼士的博士學位是以極為羞辱的方式拿到。

雖然瑞典的教授們都認為阿瑞尼士違反常識，給他極差的評價，但是氣不過的阿瑞尼士一拿到博士學位之後，就馬上把論文寄給當時歐洲最有名的幾位化學家，希望他們可以說句公道話。

荷蘭化學家凡特荷夫與德國化學家奧斯華德，是當時唯二覺得阿瑞尼士的論文很棒的科學家。所以這兩大化學家就給阿瑞尼士匯了一筆旅行經費，讓阿瑞尼士有機會去荷蘭與德國，跟他們一起進行短期研究。

能夠跟這兩位大師學習，阿瑞尼士真的受益匪淺。他開始對化學反應速率相關問題進行研究，而且還提出了活化能的概念，並且推論出可以描述溫度、活化能，以及反應速率常數之間關係的阿瑞尼士方程式。

不過凡特荷夫與奧斯華德真的只是唯二賞識阿瑞尼士才華的化學家，當時其他化學家簡直把阿瑞尼士罵翻了，大家都認為阿瑞

尼士的論文根本不值得一看。雖然阿瑞尼士一開始不以為意，但當有「化學之王」之稱的俄國化學家門得列夫也對阿瑞尼士開罵時，阿瑞尼士就算EQ再高，也無法承受這種差辱。

在1897年，阿瑞尼士的生命出現一位貴人，他是英國物理學家湯姆森，因為湯姆森發現了帶負電的電子，並且證實電子是原子的一部分，這時大家才終於可以接受阿瑞尼士的離子概念，於是阿瑞尼士才開始聲名大噪。

時間又轉轉過了三年，這年是1901年，諾貝爾獎首度頒發。阿瑞尼士雖然被提名物理學獎，不過在決選時慘遭淘汰，最後首屆諾貝爾物理學獎得主是發現X射線的德國物理學家侖琴。

1902年，阿瑞尼士捲土重來，被提名化學獎，但仍然落選。這時人們發現一個問題，阿倫尼士的《解離說》對於物理與化學都有貢獻，那麼該頒發給阿倫尼士諾貝爾物理獎還是化學獎呢？其實就阿瑞尼士而言，他比較想拿到物理獎，因為他是物理學教授，他很擔心他跟化學劃上等號，會讓他失去物理學教授的教職，所以他當時連瑞典科學院化學部院士都拒絕出任。

不過，有一個趣味的插曲，其實瑞典人並不是很了解阿倫尼士的《解離說》，懂得欣賞的人也不多。瑞典人之所以推崇阿倫尼士，乃是因為他曾經建議瑞典政府建造發電站網，對瑞典的經濟發展貢獻極大！

1903年，阿瑞尼士終於如願以償榮獲諾貝爾獎，雖然他所榮獲

的是讓他有點擔心受怕的化學獎，不過畢竟是第一位獲得諾貝爾獎的瑞典人。兩年之後，諾貝爾物理研究所成立，阿瑞尼士便順利成章地擔任所長，而且一當就是二十二年。

阿瑞尼士是一位好鬥的科學家，也是諾貝爾獎的評審委員，所以當曾經對他開罵的「化學之王」門得列夫在1906年被提名諾貝爾化學獎時，阿瑞尼士帶頭批判門得列夫，把他說個一文不值，最後讓他與諾貝爾獎失之交臂！

除了門得列夫之外，據說阿瑞尼士還刁難過其他科學家。他支持的科學家很早就能榮獲諾貝爾獎，討厭的科學家總是要拖個十幾二十年才能獲得肯定。所以人們總是想不透阿瑞尼士的心態，阿瑞尼士在科學研究領域中能夠占有一席之地，就是靠著大膽挑戰權威（法拉第與道耳呑）而起家，但是當他自己成為權威時，卻處處刁難別人。

在阿瑞尼士的晚年，他主要從事天文物理研究，鮮少碰觸到化學領域。在1927年，阿瑞尼士罹患腸炎病逝於瑞典烏普薩拉，享年六十八歲。

阿瑞尼士過世整整八十年之後，他突然又成為人們討論的焦點。2007年，美國前副總統高爾，因為致力於全球暖化與溫室效應的議題，榮獲諾貝爾和平獎。

溫室效應（Greenhouse Effect）這個名詞正是由阿瑞尼士所創。他早在1896年就已經提出「礦物燃料在燃燒過程中所排放的二氧

化碳，將會使得大氣層的二氧化碳濃度提高，導致氣候變暖」的
理論。對於如此真知灼見，不得不佩服阿瑞尼士的能耐。尤其阿
瑞尼士提出溫室效應理論的同年，全世界除了凡特荷夫與奧斯華
德之外，幾乎所有科學家都在羞辱他，不得不令人敬佩阿瑞尼士
對真理的堅持！

與放射線談了一場戀愛

居禮夫人
Marie Curie
1867～1934

李伯伯這麼說

　　放射線的發現引起歐洲很多科學家的興趣，居禮夫人和他的丈夫在這一方面成就非凡。最值得我們稱道的是：居禮夫人不僅沒有將鐳申請專利，因為她說她僅僅是「發現」了鐳，沒有「發明」鐳。但是她大可申請提煉鐳的方法專利，但她卻沒有這麼做。居禮夫人的這種做法值得大家尊敬，她的X光檢查站對很多受傷軍人提供醫療診療與照顧，如果她當年申請專利，早就成為百萬富翁。

****

　　居禮夫人是第一位榮獲諾貝爾獎的女性，也是第一位榮獲兩次諾貝爾獎的科學家，她的一生充滿了傳奇。她在生前曾經擁有來自全世界、堪稱科學史上最多的榮譽，而愛因斯坦卻稱讚居禮夫人是唯一不為榮譽所腐蝕的名人。為何愛因斯坦會如此推崇居禮夫人？以下故事可見端倪。

居禮夫人名字為瑪麗亞，在1867年11月7日誕生於波蘭華沙。瑪麗亞從小家境不好，而且健康狀況也不甚佳，她的媽媽罹患肺病，三姐染上傷寒，所以瑪麗亞在十歲時就失去了兩位親人。這讓瑪麗亞變得早熟，個性也變得十分敏感。

在十五歲之前，瑪麗亞功課很好，樣樣都第一名，甚至還同時學會德文、法文與俄文。不過當她從中學以第一名畢業之後卻因壓力太大而崩潰了。體恤瑪麗亞的父親便讓她休息一年，去鄉下走走，放鬆心情。

經過一年的休養生息之後，瑪麗亞很想繼續去大學深造，但是當時華沙被俄國占領，在俄國沙皇的高壓統治下，波蘭女性禁止就讀大學。於是瑪麗亞想了一個兩全其美的好主意：自己先打工六年，賺錢供姊姊去巴黎念醫學院，而六年之後，當姊姊順利畢業之後，再賺錢供瑪麗亞念大學。姊姊欣然同意，於是姊妹兩人便去了巴黎。

在瑪麗亞打工的六年中，她在有錢人家的家裡擔任家教，有時也會偷偷跑去當貧窮人家小孩的免費家教。閒暇之餘，瑪麗亞看一些化學書籍自修，後來還幸運地爭取到化學實驗室打工，認識一些科學家。

六年之後，當姊姊如願以償地從醫學院畢業，並且履行當初姊妹倆的承諾，於是瑪麗亞就滿心歡喜地進入巴黎大學就讀。不過學校一開學之後，她才赫然發現自己的法文語彙不夠用，花了不

少時間苦讀法文。

巴黎大學的學費實在太貴，無法久讀，所以瑪麗亞花了兩年時間，就以全班第一名的成績拿到物理碩士，而且還拿到波蘭政府所頒發的600盧布獎學金，讓她可以繼續升造。於是她又花了一年時間，以全班第二名的成績拿到數學碩士學位。畢業之後，她馬上就找到一份物理老師的工作。

1894年真是瑪麗亞最幸運的一年，除了學業順利、求職順利，她的戀愛運也很棒。她認識了物理學家居禮，兩人立即墜入愛河，隔年春天就結婚了。從此瑪麗亞就不再是瑪麗亞，而是大家所熟知的居禮夫人。

婚後，居禮先生持續進行原本的磁場論研究，而居禮夫人則是他的實驗室助手。由於居禮夫人始終無法忘情她對科學研究的興趣，所以她開始構思博士論文的題目，卻始終想不出個所以然。就在此時，德國物理學家侖琴在1896年1月發表了震驚全球的X射線，這個發現激起居禮夫人的創意，突然想要研究當時鮮為人知的放射線，而這跟侖琴的X射線存在著某種程度的關係。

此時居禮夫人也獲得一位很棒的研究搭檔，貝可勒爾。他來自法國知名的貝可勒爾家族，這個家族祖孫三代都從事物理與化學研究，而且成果非凡。因為貝可勒爾當時也在研究放射線，所以居禮夫人便與貝可勒爾結緣，展開多年的合作。

居禮夫人的研究計畫非常順利，馬上就在瀝青鈾礦石中發現一

種新的輻射性元素，居禮夫人把它命名為釙（Polonium），這個名字是為了紀念她的祖國波蘭。當居禮夫人把這個發現寫成論文發表之後，居禮先生也深受感動，於是便放下自己的工作，專心投入居禮夫人的研究計畫中。

「輻射」（Radiation）是居禮夫人創造的新名詞。她的研究在短短一年中，就贏得法國科學界的推崇，還拿到法國政府頒發的高額獎金。不過，居禮夫婦與貝可勒爾始終不知道輻射會對人體造成極嚴重的傷害，導致居禮夫婦與貝可勒爾在從事研究的那幾年，身體突然變得很差，居禮夫人甚至還流產了兩次。

之後的四年，居禮夫婦與貝可勒爾全力投注於輻射研究。由於他們獲得奧地利政府和維也納科學院的贊助，所以讓他們有機會可以分析更多的礦石，用各種方法反覆測量、分析與淘汰。在1902年，他們終於提煉出一克的鐳（Radium），並測量出原子量225。他們的發現掀起歐洲科學界一波前所未有的研究熱潮，科學家們在那個時期陸續發現α射線、β射線與咖瑪射線。

雖然這個研究原本只是居禮夫人的博士論文題目，在居禮夫婦與貝可勒爾齊心合作了四年之後，卻成為一個轟動全世界的知名科學研究，這真是始料未及。不過最讓人驚訝的是，居禮夫人居然還是沒拿到博士學位，因為她根本沒空參加博士論文口試。

當居禮夫人終於抽空參加博士論文口試，並且順利過關後，正好諾貝爾獎也開始展開提名作業。不過，法國科學院卻只提名居

禮先生與貝可勒爾，獨漏了居禮夫人。當時大家都不知道這件事情，只有瑞典數學家列夫勒立即發現這個謬誤，馬上寫信告知居禮先生。於是居禮先生向諾貝爾獎委員會提出抗議，讓居禮夫人在最後一刻擠上名單，順利與居禮先生、貝可勒爾一起榮獲1903年的諾貝爾物理獎。

可惜居禮先生當時已經被輻射嚴重感染，病得非常嚴重，無法前往瑞典接受榮耀。一直拖了整整一年半之後，居禮先生才得以前往瑞典領取獎金。但是領取獎金之後不久，居禮先生卻不小心被馬車撞倒，頭殼破碎去世，得年48歲。

強忍住喪夫之痛的居禮夫人婉拒巴黎大學所提供的撫恤金，只因為她想走自己的路，不願被別人當作是居禮先生的遺孀。她一心一意繼續往科學研究的路上前進。居禮夫人在1906年5月成為巴黎大學的助教，兩年之後就升任為教授，成為法國第一位女性大學教授。

大家一定會很好奇，自從居禮夫人榮獲1903年諾貝爾物理獎之後，她是否已經感到滿足，轉而投入其他科學研究的領域？答案是否定的。因為她依舊在研究鐳，但是這次的鐳研究跟之前並不太一樣，研究動機是來自於另外一位科學家的踢館。

當居禮夫人拿到1903年諾貝爾物理獎之後，其實科學界不服氣的人很多，我們必須承認當時很多科學家是因為性別歧視之故，才對居禮夫人不服氣。但是人稱「熱力學之父」的英國物理學家

克耳文卻不一樣，他只質疑了一個問題，居然把居禮夫人當場問倒了。

克耳文質疑鐳根本不是元素，而是一種鉛與氦的化合物。關於此點，居禮夫人根本無從反駁，因爲她在1902年所發現的鐳是一種氯化鐳化合物，還眞的不是純元素！爲了杜悠悠之口，也爲了讓克耳文心服口服，居禮夫人決心純化鐳元素，證明鐳是一種元素。經過四年努力，居禮夫人眞的做到了！不過此時克耳文已經過世了，居禮夫人的研究搭檔貝可勒爾也因爲輻射嚴重感染而過世了。

1911年是居禮夫人的人生最戲劇化的一年。她申請法國科學院院士的資格，但她是一位女性，原籍又是波蘭，而且還是個自由派人士。種種原因讓居禮夫人最後只以一票之差，未能當選院士。從此居禮夫人終其一生不再尋求成爲院士，也不在法國科學院發表論文。

雖然居禮夫人落選的新聞在法國鬧得滿城風雨，但這還不是居禮夫人當年最大條的新聞。在當年的11月中旬，因爲居禮夫人與居禮先生的學生朗之萬的誹聞被曝光，這是朗之萬夫人向《法國日報》爆的料。這樁誹聞在法國引起喧然大波，法國政府也高度重視這則誹聞的發展。

這樁誹聞重創居禮夫人長久以來的好名聲，因爲法國媒體居然將此事件渲染成「一個波蘭女人偷走一個法國女人的丈夫」，眞

的是唯恐天下不亂。當時科學界普遍噤若寒蟬，而愛因斯坦卻是少數聲援居禮夫人的科學家。他們私交甚篤，因為居禮夫人與朗之萬是當時法國「唯二」了解量子力學與愛因斯坦相對論的人。

當這則誹聞不停被法國新聞界加油添醋的第八天，瑞典傳來了一個天大的好消息！居禮夫人榮獲1911年諾貝爾物理獎，成為第一位在諾貝爾獎連莊的科學家，讓法國非常風光，誹聞才逐漸平息。而且幾乎在同一時間，朗之萬與妻子也達成庭外和解，兩人重修舊好。不過居禮夫人卻在領完諾貝爾獎之後崩潰，住進了療養院。

居禮夫人再度出現在人們的面前是1914年8月，因為當時爆發第一次世界大戰，居禮夫人認為X光可以為前線軍人診斷彈傷與骨折，所以她開始向巴黎富人募款，製作全世界第一台移動式的X射線設施，這台小車被後人暱稱為「小居禮」。

在第一次世界大戰期間，居禮夫人一共在前線設立兩百座X光檢查站，並且訓練數百名女性X光技師，為受傷的軍人提供了醫療照護。儘管居禮夫人為法國付出許多，但是法國政府在大戰期間卻從未肯定過她的愛國行為，對她的科學研究也幾乎不理不睬！不過居禮夫人並不灰心，因為她知道自己擁有全球知名度，所以賣力地奔走各國，成立獎學金，設置鐳研究所，貢獻全人類。

在1920年，居禮夫人又遇上一位生命中的貴人，布朗小姐。她

是當時全美國最著名的女性雜誌記者，她爲居禮夫人舉辦了有史以來規模最大的全球募款活動。

她安排居禮夫人赴美訪問，接受二十多所大學頒贈的榮譽學位，而且美國總統也親自在白宮接待。居禮夫人所到之處皆萬人空巷，民眾皆夾道歡迎，最後募集了十萬美金，提供給居禮夫人做爲研究之用。

不過募得這筆鉅款之後，居禮夫人的健康便直轉直下。因爲長期與輻射線爲伍，居禮夫人罹患了白內障，後來人們才知道白內障就是輻射傷害最早出現的症狀。除了白內障之外，居禮夫人還有貧血、耳鳴、白血病的問題，但是她依舊打著精神，用生命最後的餘溫投入物理學的研究。

最讓居禮夫人感到安慰的人便是她的女兒艾林。艾林也跟居禮夫人一樣，非常熱愛科學研究，不但專注於輻射的研究，還發現人工輻射元素。不過居禮夫人無緣看到艾林榮獲1937年的諾貝爾化學獎，她在1934年7月4日便因爲白血病，病逝於法國，享年67歲。

後來艾林爲了懷念她的母親，親自走訪波蘭，多方蒐集有關他母親生前的事蹟，在1937年出版了一本《居禮夫人傳》，讓世人可以認識居禮夫人，這位堪稱人類典範的最傑出女性科學家。

至於居禮夫人這輩子最大的污點「朗之萬誹聞事件」，至今依舊無法證實這樁誹聞的眞假，但是朗之萬的科學研究成就卓然，

後來還成為法國反納粹運動的先鋒。更傳奇的是，朗之萬的孫子還娶了居禮夫人的外孫女為妻，而且朗之萬與當初向新聞界爆料的妻子也都聯袂出席這場婚禮。他們始終沒說明當年的誹聞事件，這起誹聞永遠是個謎。

戰勝天譴的仁醫

金納
Edward Jenner
1749～1823

李伯伯這麼說

　　科學雖然不一定對人類有絕對的好處，但醫藥的進步卻是絕對有益的。早前人類最害怕的病是天花，天花現在已經絕跡，這應該歸功於牛痘的發明。牛痘是世界上最早的疫苗，發明這種疫苗的是英國的金納醫生，值得一提的是，金納從未因為發明牛痘而成為百萬富翁，他終身奉獻給英國的鄉下居民。

****

　　天花是一種歷史悠久的傳染病，早在三千年前埃及法老王時代（拉美西斯五世）就已經出現，天花病毒原本出現於埃及，後來輾轉傳入印度，在西元前四世紀，天花病毒又傳入雅典，所以病懨懨的雅典人就敗給斯巴達人。

　　西元十一世紀，十字軍東征並未帶回什麼成果，反而把亞洲的天花病毒帶回歐洲，導致歐洲在中世紀時代，每年都有10％的人口死於天花。後來西班牙艦隊在1519年探索新大陸時，又將天

花病毒帶往美洲大陸，造成80％以上的北美原住民死於天花，在五十年內，光墨西哥死於天花的人就高達兩千萬人。

一般而言，染上天花的死亡率約30％。如果往好處想，依舊有70％的機會可以存活，像清朝康熙皇帝、英國伊麗莎白一世，以及美國總統華盛頓與林肯，他們都是曾染上天花，而倖免於難的幸運兒。但天花可怕之處就在於，就算大難不死，患者的臉與四肢也會留下黑色痘疤，人們將這種疤痕視為天譴。

十八世紀算是天花肆虐的最高峰，那一百年內死於天花的歐洲人最少有1.5億人以上。儘管所有人都害怕天花，但是誰也拿天花沒輒。所以義大利人便為天花下了一個註腳：「天花是外星球來的瘟疫，地球人根本無法對付！」

然而，終於在1749年5月17日，救星誕生了。他名叫金納，是一位生長在田野的孩子。

雖然金納的祖父與外祖父、爸爸、哥哥都是牧師，金納卻從小立志要成為醫生。所以他小學畢業之後，就跑去城裡的醫院去當學徒。聰明的金納很討人喜歡，醫生便傳授他醫術，也順便教他拉小提琴。

金納二十一歲的時候，他便前往倫敦找工作。當時倫敦最有名的聖喬治醫院的杭特醫生，他是英國國王的御用大夫，也是英國解剖病理學的開山祖師爺，幾乎所有年輕醫生都想成為杭特的助手，但是都被杭特拒絕。

其實並不是杭特愛挑剔，而是他想要找一位心地善良，願意去窮鄉僻壤行醫的年輕人來當助手。但是當時來應徵的人滿腦子都想著開醫院賺大錢，所以杭特最後選擇金納。於是金納就跟著杭特扎扎實實地學了兩年醫術，學成之後，金納便返回鄉下行醫。

金納返鄉行醫後，立即面對了一個人生大難題，因為金納原本在鄉下就有位青梅竹馬的女朋友，她一直盼望金納可以回倫敦行醫，不要待在鳥不生蛋、發不了財的鄉下。不過金納堅持自己的理想，女朋友決定與金納分手，還嫁到了倫敦，讓金納飽受失戀之苦。

後來金納便靠著研究鄉下的生物來排遣失戀之苦，他在行醫之外還發表了許多研究報告，例如：候鳥的遷移、布穀鳥的產卵寄孵、蜘蛛網的強度、山雞的飛翔，都是金納所在行的項目。

原本金納還以為這輩子都與感情無緣，但是緣分就是這麼妙不可言。金納居然在鄉下認識一位原本居住在城市的富家千金凱瑟琳。由於凱瑟琳一直有著幫助窮人家小孩的心願，所以才會跑來鄉下當小學老師，進而跟金納結緣。最後在金納三十而立之年，他們兩人結婚了。

金納結婚沒幾年，他的恩師杭特便去世了，於是金納便繼承杭特的衣缽，研究起痘瘡，而天花就是金納主要研究的範疇。當時金納發現擠牛奶的女工幾乎都不會染上天花，他覺得非常好奇，於是就花了幾年時間著手調查其中原因。後來金納發現牛也會感

染一種跟天花症狀非常類似的疾病「牛痘」。

金納發現人類也會感染上牛痘，但就算感染，也沒啥大不了，絕對不會像染上天花那般嚴重。由於當時擠牛奶的女工幾乎都曾經感染過牛痘，莫非這就是她們不會染上天花的原因？

在1796年1月25日，金納開始進行人體實驗，他跑去一個酪農廠，在感染牛痘的擠乳女工的身上抽取些微的牛痘膿液，再把膿液注射進一位八歲小男童的手臂上。雖然接種之處依舊有紅腫現象發生，但是並無大礙！

過了兩個月之後，金納再把天花患者身上的膿液注射進小男童的身上，結果菲普斯在未來的兩年都沒有任何感染天花的跡象。於是金納就在1798年正式對外發表自己的實驗心得，那年正好是天花肆虐英格蘭的高峰期。

雖然金納發表之後馬上惹來罵聲連連，讓金納感到非常沮喪，但是不到一年的時候，倫敦就有六十幾位醫學家連署支持金納的「種痘法」，金納從此便聲名大噪。接種天花疫苗便在全世界開始流行，拯救無數人的生命，美國第三任總統傑佛遜因此盛讚「金納消滅了人類史上最可怕的疾病，他的名字將永遠活在人類的心中！」除此之外，英國政府也封給金納爵位，並頒發三萬英鎊的獎金。

不過金納所發明的天花疫苗（即種牛痘）只是一種預防天花肆虐的方法，並非治療天花的方法，如果有人在還沒種牛痘之前就

染上天花，就算神仙也沒辦法救！所以在十九世紀，甚至是二十世紀，世界上還是很多人死於天花，尤其是印度。

儘管如此，金納還是啟發後世醫學家朝此方向研究，所以巴斯德才有機會在八十年後發明疫苗，而疫苗（Vaccine）一詞就是來自於拉丁語Vacca（公牛），這就是巴斯德向金納表示敬意的方式。

聞名遐邇的金納依舊不改其志，堅持在鄉下行醫，幫助窮人。1823年1月24日是金納人生的最後一天，臨終前他還拖著老邁的身軀，將柴火分給窮人家取暖。

由於金納為天花這個可怕的傳染病畫下休止符，讓英國政府極力爭取將金納安葬於名人雲集的西敏寺，以供後人瞻仰。但金納卻事先留下遺囑，堅持葬在鄉下，而且一定在葬在心愛的妻子旁。

至於天花病毒則在金納過世的155年後，才完全消失在世界上，最後一位感染天花的人是英國伯明罕醫院院的醫學攝影師，他在病毒實驗室裡頭不小心染上天花而身亡，而負責實驗室控管的教授也因內疚不安而自殺。

1980年5月8日，世界衛生組織正式宣布「天花已在地球上絕跡」。雖然天花的確已經在世界上完全消失，但令人心痛的是，若干國家與恐怖分子把天花病毒作成生化武器的傳聞卻始終沒有間斷過。

釀酒桶裡的祕密

巴斯德
Louis Pasteur
1822～1895

李伯伯這麼說

1854年，英國倫敦有霍亂流行，當時有一位叫做史諾的醫生開始研究這件事，他發現霍亂多的地方，水質都很髒，這也顯示一件事：我們的病是因為細菌所引起。巴斯德對這一點最有貢獻，他提倡高溫殺菌的方法，也力促所有的醫院必須注意衛生。

****

巴斯德將是本書最後一位介紹的偉大科學家。之所以讓巴斯德負責壓軸，是因為在人類漫長的歷史中，從來沒有一個人像巴斯德一樣，以個人成就如此快速地改變全世界！

巴斯德跟這本書的其他科學家與發明家有一個很大的不同處：其他科學家也許必須花上很多時間，甚至窮盡一生才能將自己的理念傳遞出去，而巴斯德卻不是，他一連串的重要成就讓他立足於科學界的頂峰。而且巴斯德對於人類的重要性遠超過我們所知道的任何發明與發現，因為他研發出人工免疫的方式，得以預防

傳染病。

我們先來回顧巴斯德所處的時代背景。

巴斯德是法國人，法國在十九世紀是世界數一數二的先進國家。儘管法國如此先進繁榮，但是法國人的平均壽命只有三十五歲。為何當時的人類會如此短命呢？因為很多身強力壯的年輕人只要染上各式各樣的傳染病後，就不久於人世，就算請來世界上最好的醫生，通常也是束手無策。

幸好地球上出現了巴斯德，他的人工免疫技巧被快速地廣泛使用，從此人類的平均壽命大幅提高。在短短一百年之內，平均壽命便史無前例地提高了一倍之多！巴斯德的卓越成就讓自古以來使人們擔心受怕的主要傳染病幾乎能被治癒，讓人類得以享有健康與長壽的喜悅，這就是巴斯德對於人類最重要的貢獻！所以接下來我們要以一顆恭敬的心來與大家聊聊巴斯德的故事。

1822年12月27日，巴斯德誕生於一個貧苦人家，原本父親是位軍人，退伍之後找不到工作，於是改行修皮鞋。雖然家境清寒，但是巴斯德的父母始終很重視孩子的教育。

巴斯德小時候不是一位老師心中的好學生，他除了愛發問，讓老師覺得很尷尬外，也沒有其他長處。但是他卻意外地進入巴黎大學，還順利拿到一個文學士學位。不過拿到學位之後，巴斯德又不小心遇上一位很棒的化學老師，讓他對分子領域產生濃厚的興趣，所以他開始鑽研化學，又重新回到學校，二十五歲便拿到

化學博士。

　　當時巴斯德對於自己的生涯規劃是：未來一定會成為化學老師。好一點的話，可以當個化學系教授或是院長。再好一點，就成為化學家。不過任誰也沒想到，巴斯德最後居然成為生物學與醫學發展史上的最重要人物，與他兩個學位根本一點關係都沒有！

　　巴斯德畢業後一年，立即提出一個重要發現「鏡像異構現象」，二十七歲順利成為斯特拉斯堡大學的化學教授。不過，他當時最重要的使命並非科學研究，而是跟校長打交道。因為巴斯德竟然愛上校長的女兒，所以巴斯德希望校長可以成全他們。雖然校長欣然同意這椿婚事，但是婚禮時，巴斯德卻在實驗室忙著研究酒石酸，差點忘記參加自己的婚禮。

　　結婚之後，巴斯德果然是人逢喜事精神爽，他順利證實一個有關酒石酸的問題，進而發現酒石酸與酒石酸鹽具有半晶體，於是推出一項近代立體化學上嶄新的學說「非對稱碳理論」。巴斯德的研究成果，引起法國科學院的重視，讓他漸漸獲得科學界的注意。

　　1854年，巴斯德來到了法國北部的里爾，擔任一所新成立的科學院院長。里爾是法國的釀酒重鎮，不過釀的並非法國著名的葡萄酒，而是甜菜與穀物釀的啤酒。

　　因為里爾的鄉親父老經常會把啤酒釀壞，所以他們希望巴斯德

可以大顯神通來解決他們的問題。巴斯德想到酵母菌與發酵之
間的關係，於是就在里爾當地的釀酒廠裡頭搜集大量實驗材料，
經過一次又一次的試驗，最後巴斯德終於在顯微鏡下看到純酵母
菌，證實活的酵母菌可以使糖水發酵成為酒。

　　此外，巴斯德發現啤酒裡頭除了酵母菌之外，還有其他細菌存
在，這些細菌就是導致酒變酸、變壞的主要原因，於是他發明
了著名的「巴斯德滅菌法」。而且更重要的是，這種方法不只適
用於啤酒，也適用於其他酒類，更重要的是也適用於牛奶。有了
「巴斯德滅菌法」消滅牛奶裡頭的有害微生物，提高了牛奶的飲
用衛生。

　　光是「巴斯德滅菌法」這項成就，巴斯德就足以成為偉人，因
為在天花肆虐全世界的時候，有很多人是因為喝下病牛的牛奶才
染上天花的。

　　巴斯德的研究不但拯救了里爾的鄉親父老，也救了全法國，因
為巴斯德知道如何控制酵母菌與釀酒之間的微妙關係，所以他的
研究讓酒的產量更高、酒的品質更棒，讓法國的釀酒工業成為世
界第一。後來法國在1871年打輸了普法戰爭所欠下的鉅額外債，
就是靠釀酒工業與日驟增的收入，才得以清償。

　　過了幾年後，又有一項超級任務正等著巴斯德。在1860年代初
期，整個歐洲的蠶都生病了，法國的蠶絲工業更是遭受到重創。
一年至少要損失一億法郎以上，於是巴斯德就接受法國農業部長

的請託，隻身來到法國南部來解決問題，不過巴斯德並不是很有信心，因為他真的跟蠶寶寶一點都不熟。

在拯救蠶寶寶之前，巴斯德正忙著以實驗來推翻「物腐而蟲生」的謬誤。所謂「物腐而蟲生」就是當時最流行的「自然發生說」。巴斯德認為生命不可能「自然發生」，也就是生物不會從無生物憑空生長出來，每個生物體都是從上一代衍生出來。

在1864年4月7日，巴斯德在巴黎大學做了一個公開實驗，證實微生物的存在，引起全世界的震撼，而巴斯德也藉由公開實驗推廣一個概念：「無論是人還是動物，傳染病都是由患者身上的微生物所造成的。」

藉由以上道理，巴斯德認為微生物的繁殖是由本身的分裂而來，不可能自然發生，所以他開始研究蠶病傳染的病因，找到引起疫病的微生物並加以撲滅，最後再選用健康的蠶種來繁殖。巴斯德挽救法國瀕臨絕路的蠶絲工業，也讓全歐洲的蠶寶寶都康復了！

雖然巴斯德在科學的成就上驚人，自己卻過得不太如意。他在四十六歲那年因病而半身不遂，而他的五名子女，只有兩位孩子順利長大，其餘三位皆在童年時代死於傷寒。這些事情讓巴斯德非常傷心，所以決定用剩餘的人生研究治癒人類各種傳染病的方法。

然而巴斯德要進行對抗傳染病的研究，其實是條非常寂寞的路

途！因為他只有一位前輩，就是英國的金納醫生，而金納在人世間的最後三年，巴斯德才剛呱呱落地。

金納雖然對世界有著極大的貢獻，但是金納所發明的方法只對天花的預防有效，其他傳染病依舊是束手無策。巴斯德想更上一層樓，發明一種人工免疫法，可以預防許多不同的傳染病。

在1878年，法國爆發了雞瘟，這又是法國經濟極為嚴重的挫敗。巴斯德臨危受命，成功研發出雞霍亂疫苗，拯救全法國的雞隻。當雞隻恢復健康後，法國的牛與羊也生病了，這次是非常嚴重的炭疽病，於是巴斯德再度出動拯救牛羊。

巴斯德開始對炭疽病展開系統化調查，再度證實「炭疽菌是炭疽病的病媒」，接著又證實牧場也是病媒傳播場，他懷疑細菌也許就在草場的泥土裡。因為畜牧業者習慣將死掉的牛羊埋在牧場裡，這是炭疽菌陰魂不散，始終肆虐的原因。最後巴斯德製造出炭疽病的疫苗，以求一勞永逸。

雖然巴斯德早已名天下，是法國農民的英雄，挽救釀酒業，還拯救全歐洲的蠶與雞。但是全世界還是有很多醫生懷疑巴斯德的預防接種法，對他最新研發出來的炭疽病疫苗無法信服。所以此時已年近六十歲的巴斯德，決定進行一場人類史上最戲劇性的科學展示，來消除所有人的疑慮！

巴斯德在1881年5月進行公開實驗，他找了幾十隻綿羊，一半注射他所研發的炭疽病疫苗，另外一半則不注射疫苗作為控制組之

用。過了二十幾天後，他將所有綿羊都注射新鮮的炭疽桿菌，兩天之後，有注射炭疽病疫苗的綿羊都安然無恙，沒注射炭疽病疫苗的綿羊便全部死亡。

這次實驗成功，為巴斯德帶來了無數榮耀，但是巴斯德依舊不滿足，因為他所發明的疫苗目前為止都是拯救牲畜的生命，尚未拯救過人類，所以決定研發狂犬病疫苗。雖然狂犬病並不是很常見的傳染病，但是致死率卻高達百分之百。

在1885年7月6日，當醫生已經宣步一位被狂犬咬到的九歲小男孩即將回天乏術的時候，巴斯德緊急帶著狂犬病疫苗去拯救小男孩，巴斯德每天為小男孩施打一針疫苗，兩週過後，小男孩居然神奇地康復了！

狂犬病疫苗成功的消息立即傳遍整個歐洲，巴斯德的疫苗不久後也拯救了十二位被瘋狗咬到的俄國農夫。俄國沙皇非常感謝巴斯德，所以送他一枚勳章，又捐了十萬法郎當巴斯德研究所的建設經費。

巴斯德研究所是法國政府為了報答巴斯德對於法國的農業與醫學的無比貢獻所建造的私人研究所，在1887年建造之初，法國人民踴躍捐錢，建築師堅持不收費，營造商也只願收材料費，建築工人更是賣力加班，不收加班費。1888年11月14日當巴斯德研究所舉行落成典禮時，感動到說不出話來的巴斯德由兒子代念致謝辭，他由衷感謝所有人對他的愛護與支持，也希望巴斯德研究所

可以讓法國成爲全世界研究傳染病的中心。

最後巴斯德的願望果然實現了，因爲巴斯德研究院的確在傳染病的防治研究上執全球牛耳，他們在過去一百多年來，研究出白喉、破傷風、結核、小兒麻痺、流行性感冒、黃熱病和鼠疫等疫苗，拯救無數人類的寶貴生命，而且巴斯德研究院甚至還造就出八位諾貝爾醫學獎得主。

巴斯德於1905年9月28日逝世，長眠於巴斯德研究所地下室的教堂內。墓碑上刻著他臨終前所講的一句話：「我已經盡了本分。」

巴斯德的確用一輩子的時間善盡了他最大本分，將預防接種的方法帶給世人。但是其實巴斯德在本分之外，還做了一件對人類影響深遠的事情。巴斯德有位推心置腹的好朋友，他是英國外科醫生李斯特。李斯特雖然醫術高明，但是外科手術成功率依舊偏低，讓他非常沮喪。

在巴斯德與李斯特所生存的年代，外科手術的技法其實已經非常進步，但是醫生每次都得面臨手術明明就已經成功，但是病患卻在手術之後發生感染而不幸死亡的悲劇。以數字來說，當時外科手術死亡率高達45％。如此高的死亡率，造成外科醫生是當時最容易改行的職業。知名生物學家達爾文就是無法接受外科手術的高死亡率，因而改行的代表人物。

當巴斯德在1864年發現微生物的時候，李斯特感到無比興奮，

他認為微生物的發現，將給醫學界帶來曙光。於是李斯特啟發了一個新觀念：「缺乏消毒是手術後發生感染的主要原因」，而巴斯德也建議李斯特可以把消毒應用於外科手術上。

後來李斯特選用石炭酸作為消毒劑，發明了消毒。他也花了長達十二年時間實行外科手術改革計畫，包括醫生要穿白色大袍、手術之前醫生要先洗手、手術器材要高溫處理、病患的傷口在消毒之後必須綁上繃帶、輸血也要消毒之類的措施。

當李斯特在1877年10月26日成功進行一場公開骨科手術，示範他所建立的一整套嚴格消毒制度後，引起全世界醫生的震撼。從此，大家都知道了消毒的重要性，外科手術死亡率也從45％降到了15％。至於李斯特消毒制度的最大受惠者則是全世界的媽媽們，因為在李斯特發明消毒之前，產褥熱奪走無數產婦的性命，死於產房的女人比死在戰場的男人還多，不過在李斯特之後，產婦死亡率已經大幅降低。

這是巴斯德無心插柳柳成蔭所造就的奇蹟，所以後人將巴斯德與李斯特這一對好朋友，合稱為生物醫學界最重要的貢獻者！

http://www.booklife.com.tw　　　　　reader@mail.eurasian.com.tw

圓神文叢　146

李伯伯最想告訴你的22個科學家故事

作　　者／李家同

文字整理／閻　驊

發 行 人／簡志忠

出 版 者／圓神出版社有限公司

地　　址／台北市南京東路四段50號6樓之1

電　　話／(02) 2579-6600・2579-8800・2570-3939

傳　　真／(02) 2579-0338・2577-3220・2570-3636

郵撥帳號／ 18598712　圓神出版社有限公司

總 編 輯／陳秋月

主　　編／林慈敏

專案企畫／賴真真

責任編輯／莊淑涵

美術編輯／金益健・李　寧

行銷企畫／吳幸芳・張鳳儀

印務統籌／林永潔

監　　印／高榮祥

校　　對／林振宏・莊淑涵

排　　版／莊寶鈴

經 銷 商／叩應股份有限公司

法律顧問／圓神出版事業機構法律顧問　蕭雄淋律師

印　　刷／祥峰印刷廠

2013年9月　初版

2018年6月　6刷

定價 250 元　　　　ISBN 978-986-133-468-4　　　　版權所有・翻印必究

◎本書如有缺頁、破損、裝訂錯誤，請寄回本公司調換　　　Printed in Taiwan

每一本書，都是有靈魂的。

這個靈魂，不但是作者的靈魂，

也是曾經讀過這本書，與它一起生活、一起夢想的人留下來的靈魂。

——《風之影》

想擁有圓神、方智、先覺、究竟、如何、寂寞的閱讀魔力：

◪ 請至鄰近各大書店洽詢選購。

◪ 圓神書活網，24小時訂購服務

　免費加入會員‧享有優惠折扣：www.booklife.com.tw

◪ 郵政劃撥訂購：

　服務專線：02-25798800 讀者服務部

　郵撥帳號及戶名：18598712　圓神出版社有限公司

國家圖書館出版品預行編目資料

李伯伯最想告訴你的22個科學家故事 / 李家同著. -- 初版. -- 臺北市：
圓神, 2013.09
　　208 面；14.8×20.8公分 --（圓神文叢；146）

　　ISBN 978-986-133-468-4（平裝）
　　1.科學家 2.通俗作品
309.9　　　　　　　　　　　　　　　　　　　　　　　　102014795